大学物理实验

主　编　袁聿海　　张　姗　　张义财
副主编　秦杰利　　张福鹏　　詹康生
　　　　梁鸿东　　刘玉华
主　审　陈泽龙

北京大学出版社
PEKING UNIVERSITY PRESS

图书在版编目(CIP)数据

大学物理实验/袁聿海,张姗,张义财主编. —北京:北京大学出版社,2021.3
ISBN 978-7-301-32027-3

Ⅰ. ①大…　Ⅱ. ①袁… ②张… ③张…　Ⅲ. ①物理学—实验—高等学校—教材　Ⅳ. ①O4-33

中国版本图书馆 CIP 数据核字(2021)第 034251 号

书　　　名	大学物理实验
	DAXUE WULI SHIYAN
著作责任者	袁聿海　张　姗　张义财　主编
责 任 编 辑	张　敏
标 准 书 号	ISBN 978-7-301-32027-3
出 版 发 行	北京大学出版社
地　　　址	北京市海淀区成府路 205 号　100871
网　　　址	http://www.pup.cn
电 子 信 箱	zpup@pup.cn
新 浪 微 博	@北京大学出版社
电　　　话	邮购部 010-62752015　发行部 010-62750672　编辑部 010-62765014
印 刷 者	长沙超峰印刷有限公司
经 销 者	新华书店
	787 毫米×1092 毫米　16 开本　11.25 印张　281 千字
	2021 年 3 月第 1 版　2021 年 3 月第 1 次印刷
定　　　价	38.00 元

前　言

　　"大学物理实验"是高等学校理工科各专业的一门公共必修基础课程,其教学过程是一项充满探索和创新的实践活动,在提高学生的物理思维能力以及培养具有创造性的工程技术人才方面具有重要作用."大学物理实验"的教学过程十分重视实验知识、实验方法和实验技能的学习与训练.本书可以让学生了解科学实验的主要过程与基本方法,为今后的学习和工作奠定良好的实验基础.

　　本书由多位具有丰富教学经验的老师根据《理工科类大学物理实验课程教学基本要求(2010年版)》编写而成.本书包含22个实验项目,其中力学实验6个,热学实验2个,电磁学实验7个,光学实验5个,近代物理实验2个.对于书中出现的典型仪器和物理实验,本书配有相应的 AR(Augmented Reality)动画,通过手机下载安装"九斗"APP软件,扫描书中带有 AR 标志的实验仪器的图片,即可实现移动互联网学习,提前对实验进行预习,熟悉仪器的使用,并能够通过虚拟交互完成简单的实验操作.

　　本书由袁聿海、张姗、张义财担任主编,秦杰利、张福鹏、詹康生、梁鸿东、刘玉华担任副主编.编写过程中,编者借鉴了国内外许多高校、研究院所编写的教材、相关网络资源,以及仪器生产厂家的仪器使用说明,在此表示深深的谢意.另外,袁晓辉编辑了教学资源,魏楠、苏娟提供了版式和装帧设计方案,在此一并表示感谢.

　　限于编者的水平,书中难免有不当和疏漏的地方,欢迎广大读者加以指正.

编　　者

2020 年 4 月

目　录

绪论 ……………………………………………………………………… 1

第1章　大学物理实验基础 …………………………………………… 4

1.1　误差理论 ………………………………………………………… 4

1.2　数据测量 ………………………………………………………… 7

第2章　力学、热学实验 ……………………………………………… 19

实验2.1　常用仪器的使用 ………………………………………… 19

实验2.2　固体密度的测量 ………………………………………… 25

实验2.3　重力加速度的测量 ……………………………………… 30

实验2.4　三线摆测物体的转动惯量 ……………………………… 38

实验2.5　杨氏模量的测定 ………………………………………… 46

实验2.6　空气中超声波声速的测定 ……………………………… 56

实验2.7　变温黏滞系数的测定 …………………………………… 63

实验2.8　稳态法测量固体的导热系数 …………………………… 71

第3章　电磁学实验 …………………………………………………… 78

实验3.1　电子荷质比的测定 ……………………………………… 78

实验3.2　示波器的使用 …………………………………………… 85

实验3.3　惠斯通电桥测电阻 ……………………………………… 91

实验3.4　电位差计的使用 ………………………………………… 97

实验3.5　霍尔效应测量磁场 ……………………………………… 103

实验3.6　模拟法测绘静电场 ……………………………………… 111

实验3.7　电表的改装与校准 ……………………………………… 118

第4章　光学、近代物理实验 ………………………………………… 124

实验4.1　分光计的应用 …………………………………………… 124

实验4.2　用透射光栅测光波波长及角色散率 …………………… 135

实验4.3　等厚干涉测曲率半径 …………………………………… 140

实验4.4　迈克尔孙干涉仪测量光波波长 ………………………… 146

实验4.5　衍射光强的测量 ………………………………………… 151

实验4.6　光电效应和普朗克常量的测定 ………………………… 157

实验4.7　密立根油滴实验 ………………………………………… 164

附录　光电效应与光量子理论 ……………………………………… 173

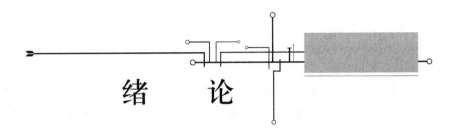

绪　论

1. 大学物理实验的意义

物理学是研究自然界物质的基本结构、运动形式、相互作用及转化规律的自然科学. 随着科学技术的发展,各学科之间的交叉融合越来越明显. 物理学作为一门基础学科,其基本概念和基本理论已经渗透到其他理工类学科和工程技术领域. 学好物理学便成为学好其他理工类学科和工程技术的前提.

大学物理学作为一门重要的基础课,一方面为学生提供了后续课程所必需的知识基础,另一方面,能使学生了解现代科学研究所需要具备的基本的科学素养. 由于学时的限制,大学物理理论课侧重向学生传授物理学的基本定律及其应用,而实验课不仅可以补充物理学理论的诞生和发展过程,介绍物理学家艰辛曲折的探索研究过程,还可以通过亲身实践,激发学生学习物理学的兴趣,展现出物理学的美.

大学物理实验课的目的是使学生熟悉大学物理实验的方法,学习基本物理量的测量方法及一些常用实验仪器的使用方法;能运用物理学理论对实验现象进行分析判断;能正确记录和处理实验数据,分析实验结果,撰写合格的实验报告.

2. 大学物理实验基本要求

依据《理工科类大学物理实验课程教学基本要求(2010 年版)》,大学物理实验应该包括普通物理实验(力学、热学、电磁学、光学)和近代物理实验. 这对大学物理实验教学提出了如下要求:

1) 使学生掌握测量误差的基本知识,具有正确处理实验数据的基本能力

(1) 明确测量误差与不确定度的基本概念,能逐步学会用不确定度对直接测量和间接测量的结果进行评估.

(2) 学习处理实验数据的一些常用方法,包括列表法、作图法和最小二乘法等. 由于计算机及其应用技术的普及,还应包括用计算机通用软件处理实验数据的基本方法.

(3) 掌握基本物理量的测量方法. 例如,长度、质量、时间、热量、温度、湿度、压强、压力、电流、电压、电阻、磁感应强度、光强度、电子电荷、普朗克(Planck)常量、里德伯(Rydberg)常量等常用物理量以及物性参数的测量,注意加强数字化测量技术和计算技术在物理实验教学

中的应用.

（4）了解常用的物理实验方法，并逐步学会使用. 例如，比较法、转换法、放大法、模拟法、补偿法、平衡法、干涉法和衍射法，以及在近代科学研究和工程技术中广泛应用的其他方法.

（5）了解实验室常用仪器的性能，并能够正确使用. 例如，长度测量仪器、计时仪器、测温仪器、变阻器、电表、交/直流电桥、通用示波器、低频信号发生器、分光仪、光谱仪、常用电源和光源等常用仪器.

（6）掌握常用的实验操作技术. 例如，零位调整、水平/铅直调整、光路的共轴调整、消除视差调整、逐次逼近调整、根据给定的电路图正确连线、简单的电路故障检查与排除，以及在近代科学研究与工程技术中广泛应用的仪器的正确调节方法.

（7）适当了解物理实验史料和物理实验在现代科学技术中的应用.

2）培养学生的实验能力

（1）独立实验的能力. 能够通过阅读实验教材、查询有关资料和思考问题，掌握实验原理以及方法、做好实验前的准备工作；正确使用仪器及辅助设备、独立完成实验内容、撰写合格的实验报告；培养学生独立实验的能力、逐步形成自主实验的能力.

（2）分析与研究的能力. 能够融合实验原理、设计思想、实验方法以及相关的理论知识对实验结果进行分析、判断、归纳与综合. 掌握通过实验进行物理现象和物理规律研究的基本方法，具备初步的分析与研究的能力.

（3）理论联系实际的能力. 能够在实验中发现问题、分析问题并学习解决问题的科学方法，逐步提高学生综合运用所学知识和技能解决实际问题的能力.

（4）设计与创新能力. 能够完成一个规范要求的设计性、综合性内容的实验，进行初步研究性或者创意性内容的实验，激发学生的学习主动性，逐步培养学生的创新能力.

3）分层次教学

为了达到上述教学要求，开设了一定数量的基础性实验、综合性实验、设计性实验以及研究性实验.

（1）基础性实验：主要学习基本物理量的测量，基本实验仪器的使用，基本实验技能和基本测量方法，误差与不确定度以及数据处理的理论与方法等，可涉及力学、热学、电磁学、光学、近代物理等各个领域的内容. 此类实验为适应各专业的普及性实验.

（2）综合性实验：在单个实验中同时涉及力学、热学、电磁学、光学、近代物理等多个知识领域，需要综合应用多种方法和技术. 此类实验的目的是巩固学生在基础性实验阶段的学习成果，开阔学生的眼界和思路，提高学生对实验和实验技术的综合运用能力.

（3）设计性实验：根据给定的实验题目、要求和实验条件，由学生自己设计方案并基本独立完成实验全过程.

（4）研究性实验：组织若干个围绕基础物理实验的课题，由学生以个体或者团队的形式，以科研方式进行的实验.

设计性或研究性实验的目的是使学生了解科学实验的全过程，逐步掌握科学思想和科学方法，培养学生独立实验的能力和运用所学知识解决给定问题的能力.

4）教学模式、教学方法和实验学时的基本要求

（1）积极创造条件开放物理实验室，在教学时间、空间和内容上给学生较大的选择自由.

为一些实验基础较为薄弱的学生开设预备性实验以保证实验课教学质量；为学有余力的学生开设提高性实验，以尽可能满足各层次学生的需要，适应学生的个性发展.

（2）充分利用网络技术、多媒体教学软件等现代技术丰富教学资源，拓宽教学的时间和空间. 提供学生自主学习和师生交流的平台，加强现代化教学管理，以满足对学生进行个性化教育和全面提高学生科学实验素质的需要.

（3）考核是实验教学中的重要环节，应该强化学生实验能力和实践技能的考核，鼓励建立能够反映学生科学实验能力的多样化考核方式.

（4）大学物理实验课程一般不少于 54 学时，对于理科、师范类非物理专业和某些需要加强物理基础的工科专业，建议实验学时不少于 64 学时.

（5）对于基础性实验，一般进行分组实验，每组 1～2 人为宜.

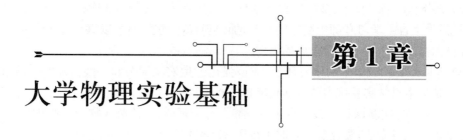

大学物理实验基础

1.1 误 差 理 论

1.1.1 测量和测量分类

测量是人们定量认识研究对象的最重要手段,也是人们从事科学研究的基础.测量是在一定条件下将被测物理量与同类标准量进行比较的过程.通过不同的观测者,或者同一观测者在不同的测量过程,或者对同一物理量使用不同的测量仪器所获得的测量结果可能会有一定的差异.

按获取测量结果方式的不同,测量可以分为两大类:直接测量和间接测量.直接测量是将待测量与预先标定好的仪器进行比较,直接从仪器上读出测量结果的大小.例如,用试管测量体积,用米尺测量长度.间接测量是指待测量由多个直接测量的物理量在一定的函数关系下,通过相互之间的逻辑关系,通过运算后获得的.例如,测量做直线运动的物体的平均速度 $\bar{v}$,需要先测量物体运动的时间间隔 Δt 和位移 Δs,再通过平均速度的定义 $\bar{v} = \dfrac{\Delta s}{\Delta t}$ 获得.

1.1.2 误差的定义

真值是指在一定时间及空间(状态或位置)条件下,体现被测量事物属性的真实数值,是客观存在的,但很难确切获得.测量的目的就是力图得到真值,通过测量所得的结果称为测量值.测量值与真值之间总是或多或少存在一定的差值,即**测量误差**,简称**误差**,可表示为

$$\Delta x = x - x_0,$$

式中,x 为测量值,x_0 为真值,Δx 为误差,它的单位与被测量的单位相同,又称为绝对误差.

1.1.3 误差的分类

为了方便对误差进行研究,需要对误差进行分类.对误差的分类可以从不同角度进行.从计量学的观点出发,根据数据处理方法的需要,按误差出现的规律来分类是最实用的.因此在

误差理论中通常根据误差出现的规律将误差分为系统误差、随机误差和过失误差三类. 下面分别加以介绍.

1. 系统误差

系统误差又称为可测误差或规律误差, 它是指未按测量规定的条件或方法进行测量所导致的、按照某些规律变化的误差. 这类误差的特征是: 在所处测量条件下, 误差的绝对值和符号保持恒定, 或者遵循一定的规律变化(大小和符号都按照一定规律变化). 产生系统误差的原因可能是仪器本身的缺陷、理论公式和测量方法的近似性、环境的改变或个人的不良习惯等.

实验条件一经确定, 系统误差不能通过多次测量取平均值减小或消除. 但如果能找出系统误差的原因, 就能选用合适的方法来减小或者消除它的影响, 或对结果进行修正. 实验时, 要注意消除系统误差, 即从直接测量值到运算值, 到最后结果, 逐级消除系统误差.

2. 随机误差(偶然误差)

随机误差又称为未定误差, 它是指在实际测量条件下, 多次测量同一物理量时, 绝对值和符号以不可预知的方式变化的误差. 这种误差出现的规律很复杂, 只能用统计的方法找出误差的大小和出现次数之间的数字关系, 即找出误差的分布规律. 当测量次数不断增加时, 随机误差的算术平均值趋近于零.

从概率论和数理统计学的观点来看, 可以认为随机误差是在固定测量条件下的随机事件, 它是围绕测量结果的算术平均值(数学期望)周围随机变化的那部分, 即绝对值相同的正、负随机误差出现的概率大致相等. 要分析这类误差, 必须了解它的概率分布规律. 经典的误差理论认为, 随机误差出现的概率分布为正态分布, 并在这一前提下建立了随机误差的统计分析方法. 随机误差具有如下特点:

(1) 单峰性. 绝对值小的误差出现的概率比绝对值大的误差出现的概率大.

(2) 有界性. 绝对值很大的误差出现的概率趋近于零.

(3) 对称性. 绝对值相等的正、负误差出现的概率相等.

(4) 抵偿性. 随着测量次数的增加, 随机误差的算术平均值趋近于零. 用 Δx 表示测量值 x 的随机误差, 有

$$\overline{\Delta x} = \lim_{n \to \infty} \frac{\sum\limits_{i=1}^{n} \Delta x_i}{n} = 0.$$

因此, 多次测量的平均值的随机误差比单次测量的随机误差小, 增加测量次数就可以减小随机误差.

3. 过失误差

过失误差又称为粗大误差或操作误差, 它是指未正确测量而导致测量结果严重失真的误差. 过失误差是测量中出现过失所致, 主要原因有三个: 测量者主观疏忽或客观条件发生突变而测量者未能及时加以纠正, 导致读数、记录或计算出错; 使用的测量仪器本身有缺陷且测量者未能发现; 测量者操作测量仪器的方法有错误.

过失误差可以根据误差理论判断出来, 含有过失误差的测量数据应在处理数据时予以剔除, 否则测量结果将不真实, 即与真值有较大的偏差.

1.1.4　测量结果的不确定度估计

测量不确定度表示由于存在测量误差而使测量结果不确定或不能肯定的程度,也就是不可信度. 它是测量准确度的表征,表示测量结果与被测量(真)值之间的接近程度.

不确定度按评定方法的不同一般分为两大类:采用统计方法评定与计算的不确定度称为不确定度的 A 类分量 u_A,简称 A 类不确定度;其他用非统计方法求出或评定出的不确定度称为不确定度的 B 类分量 u_B,简称 B 类不确定度.

1. A 类不确定度 u_A 的估算

在相同条件下,对同一被测量做 n 次测量,则 A 类不确定度 u_A 为

$$u_A = t_P \times S_{\bar{x}} = t_P \times \sqrt{\frac{\sum\limits_{i=1}^{n}(x_i - \bar{x})^2}{n(n-1)}},$$

式中, t_P 是与测量次数 n、置信概率 P 有关的量, $S_{\bar{x}}$ 为算术平均值的标准偏差. 因为当 $n > 6$ 时, t_P 与 1 偏离不大,故为简化计算,后面的有关计算中取 $t_P = 1$(全书默认 P 的取值为 68.3%).

2. B 类不确定度 u_B 的估算

在物理实验中,B 类不确定度常用误差限(最大误差)来计算. B 类不确定度 u_B 在许多场合是以仪器误差限 $\Delta_仪$ 的形式出现的,即

$$u_B = \frac{\Delta_仪}{c},$$

式中, c 为置信系数. 它因分布不同而异,对于均匀分布, $c = \sqrt{3}$.

3. 不确定度的合成

一般情况下,一个测量结果总是存在不同性质的 A 类不确定度和 B 类不确定度,它们的评定方法虽然不同,但都具有概率特性,具有相同的置信概率,所以它们可以直接合成. 在大学物理实验中,通常采用方和根合成法,即合成不确定度 U 定义为

$$U = \sqrt{u_A^2 + u_B^2}.$$

1.1.5　相对误差

为了全面评价一个测量结果的优劣,还需要看测量量本身的大小. 为此,要引入相对误差的概念,其定义为

$$E_{\overline{\Delta x}} = \frac{\overline{\Delta x}}{x} \times 100\%,$$

式中, $E_{\overline{\Delta x}}$ 为相对误差, $\overline{\Delta x}$ 为测量值 x 的随机误差.那么其相对不确定度为

$$E_U = \frac{U}{x} \times 100\%,$$

式中, U 为合成不确定度, $\bar{x}$ 为测量值的算术平均值.

1.2　数　据　测　量

1.2.1　主要概念

通常所说的真值可以分为"理论真值""约定真值"和"相对真值".在计算误差时,一般用约定真值或相对真值.

1. 理论真值

通过有限的实验手段是不可能得到理论真值的,理论真值仅存在于纯理论中.理论真值往往由定义和公式给出.例如,四边形内角和是 360°,无论我们采用多么精密的仪器,其测量结果都不可能正好等于 360°,而只能无限靠近它.

2. 约定真值

由于理论真值无法通过有限的实验手段获得,且对于给定目的,并不需要获得理论真值,只需要得到一个与理论真值足够接近的值,即约定真值.约定真值与理论真值的差可以忽略不计,就给定的目的而言,约定真值可以代替理论真值来使用.在实际测量中,一般以修正后的足够多次的测量值的平均值作为约定真值.

3. 相对真值

将测量仪器按精度不同分为若干等级,高等级的测量仪器的测量值即为相对真值.

1.2.2　数据处理的基本方法

数据处理贯穿于从获得原始数据到得出结论的整个实验过程,主要包括数据记录、整理、作图、计算、分析等涉及数据运算的处理方法.常用的数据处理方法有列表法、图示法、图解法、逐差法和最小二乘法等.

1. 列表法

列表法是将实验数据以表格的形式进行排列的数据处理方法.列表法的作用有两种:记录实验数据,显示物理量之间的对应关系.用列表的方法记录和处理数据是一种良好的科学工作习惯,要设计出一个栏目清晰、行列分明的表格,也需要在实验中不断训练,逐步掌握、熟练,进而形成习惯.

一般来说,用列表法处理数据时,应该遵从如下原则:

① 栏目条理清楚,简单明了,便于显示不同物理量之间的关系;

② 需要给出物理量的符号,并注明单位;

③ 填入表中的数字应该是有效数字;

④ 需要加入注释说明.

例如,用螺旋测微器测量钢球直径的实验数据如表 1.1 所示.

表 1.1　　用螺旋测微器测量钢球直径的实验数据　　　　　　Δ=±0.005 mm

次数 i	初读数/mm	末读数/mm	直径 D_i/mm	$(D_i-\overline{D})$/mm
1	0.004	6.002	5.998	+0.001 3
2	0.003	6.000	5.997	+0.000 3
3	0.005	6.000	5.995	−0.001 7
4	0.005	6.001	5.996	−0.000 7
5	0.004	6.001	5.997	+0.000 3
6	0.004	6.002	5.998	+0.001 3
7	0.003	6.000	5.997	+0.000 3
8	0.005	6.000	5.995	−0.001 7
9	0.005	6.001	5.996	−0.000 7
10	0.003	6.001	5.998	+0.001 3

2. 图示法

图示法就是用图像来表示物理规律的一种实验数据处理方法. 一般来说，一个物理规律可以用三种方式来表示：文字表述、函数关系式表述和图像表示. 图示法的优点是能够直观、形象地显示各个物理量之间的数量关系，便于比较分析.

要用好图示法，必须遵循如下原则和步骤：

① 选择合适的坐标纸. 作图一定要用坐标纸，常用的坐标纸有直角坐标纸、双对数坐标纸、单对数坐标纸、极坐标纸等. 选用的原则是尽量让所作图线呈直线，有时还可以采用变量代换的方法将图线变成直线.

② 确定坐标的分度和标记. 一般用横轴表示自变量，纵轴表示因变量，并标明各个坐标轴所代表的物理量以及单位.

③ 根据测量获得的数据，用一定的符号在坐标纸上描出坐标点.

④ 绘制一条与标出的坐标点相符的图线，图线应该尽可能多地通过实验点，由于测量误差，某些实验点可能不在图线上，应该尽量使其均匀地分布在图线的两侧. 图线应该是直线或者光滑的曲线或者折线.

⑤ 加入注解和说明. 应该在图纸上标出图的名称、有关符号的意义和特定的实验条件.

3. 图解法

图解法是在图示法的基础上，利用已经作好的图线，定量地求出待测量或某些参数或经验公式的方法. 由于直线有绘制方便、所确定的函数关系简单等特点，因此，对非线性关系的情况，应在初步分析、把握其关系特征的基础上，通过变量代换的方法将原来的非线性关系转化为与新变量相关的线性关系. 也就是说，将"曲线化直"，最后采用图解法.

下面基于直线情况简单介绍图解法的一般步骤：

① 在图线上选取两个点，并用与实验点不同的符号标记，使两点尽量在直线的两端，如记为 $A(x_1,y_1)$ 和 $B(x_2,y_2)$.

② 求斜率. 根据直线方程 $y=kx+b$，将两点坐标代入，可解出图线的斜率为

$$k = \frac{y_2 - y_1}{x_2 - x_1}.$$

③ 求出 y 轴上的截距

$$b = \frac{x_2 y_1 - x_1 y_2}{x_2 - x_1}.$$

④ 求出 x 轴上的截距

$$x = -\frac{x_2 y_1 - x_1 y_2}{y_2 - y_1}.$$

4. 逐差法

由于随机误差具有抵偿性,对于多次测量的结果,常用平均值来估计最佳值,以消除随机误差的影响. 但是,当自变量与因变量呈线性关系时,对于自变量等间距变化的多次测量,如果用求差平均的方法计算因变量的平均增量,就会使中间测量数据两两抵消,失去多次测量求平均的意义. 例如,在拉伸法测量杨氏模量的实验中,当载重均匀增加时,标尺位置读数依次为 $x_0, x_1, x_2, x_3, x_4, x_5, x_6, x_7, x_8, x_9$. 如果求位置间隔的平均值,则有

$$\overline{\Delta x} = \frac{1}{9}\big[(x_9 - x_8) + (x_8 - x_7) + (x_7 - x_6) + (x_6 - x_5) + \cdots + (x_1 - x_0)\big] = \frac{1}{9}(x_9 - x_0),$$

即中间的测量数据对于计算 $\overline{\Delta x}$ 不起作用. 为了避免这种情况下中间数据的损失,可以采用逐差法处理数据.

逐差法是物理实验中常用的一种数据处理方法,特别是当自变量与因变量呈线性关系,而且自变量为等间距变化时,更有其独特的优点. 其具体步骤是将测量得到的数据按照自变量的大小顺序排列后平分为前后两组,先求出两组中对应项的差值,然后取其平均值.

例如,对上述杨氏模量实验中的 10 个数据的逐差法处理如下:

① 把数据分为两组:

Ⅰ 组:x_0, x_1, x_2, x_3, x_4;

Ⅱ 组:x_5, x_6, x_7, x_8, x_9.

② 求逐差:$x_5 - x_0, x_6 - x_1, x_7 - x_2, x_8 - x_3, x_9 - x_4$.

③ 求差平均:$\overline{\Delta x'} = \frac{1}{5}\big[(x_5 - x_0) + \cdots + (x_9 - x_4)\big]$.

在实际处理时,用列表的形式较为直观(见表 1.2).

表 1.2　10 个数据的逐差法处理

Ⅰ 组	Ⅱ 组	逐差 $(x_{i+5} - x_i)$
x_0	x_5	$x_5 - x_0$
x_1	x_6	$x_6 - x_1$
x_2	x_7	$x_7 - x_2$
x_3	x_8	$x_8 - x_3$
x_4	x_9	$x_9 - x_4$

要注意的是:使用逐差法时的 $\overline{\Delta x'}$,相当于一般直接取平均间隔 Δx 时的 $\frac{n}{2}$(n 为 x_i 的数据个数).

5. 最小二乘法

最小二乘法(又称最小平方法)是一种数据优化方法. 核心思路是通过最小化误差的平方和来寻找数据的最佳匹配函数. 利用最小二乘法可以简便地求得未知的数据,并使得这些求得的数据与实际数据之间误差的平方和最小. 最小二乘法还可用于曲线拟合,通过实验获得测量数据后,可确定假定函数关系中的各项系数,这一过程就是求取有关物理量之间关系的经验公式. 从图线上看,就是要选择一条曲线,使之与所获得的实验数据更好地吻合. 因此,求取经验公式的过程即是曲线拟合的过程.

下面简单介绍最小二乘法的基本原理和对一元线性拟合的应用.

1) 最小二乘法的基本原理

设在实验中获得了自变量 x_i 与因变量 y_i 的若干组对应数据 (x_i, y_i),找出一个已知类型的函数 $y = f(x)$,使偏差平方和 $\sum [y_i - f(x_i)]^2$ 取最小值(确定关系式中的参数). 这种求解 $f(x)$ 的方法称为最小二乘法.

根据最小二乘法的基本原理,设某测得量的最佳估计值为 x_0,满足

$$\frac{\mathrm{d}}{\mathrm{d}x_0} \sum_{i=1}^{n} (x_i - x_0)^2 = 0,$$

可求得

$$x_0 = \frac{1}{n} \sum_{i=1}^{n} x_i,$$

即

$$x_0 = \bar{x}.$$

而且有

$$\frac{\mathrm{d}^2}{\mathrm{d}x_0^2} \sum_{i=1}^{n} (x_i - x_0)^2 = 2n > 0.$$

说明 $\sum_{i=1}^{n} (x_i - x_0)^2$ 在 $x_0 = \bar{x}$ 处取最小值.

可见,当 $x_0 = \bar{x}$ 时,各次测量偏差的平方和为最小,即平均值就是在相同条件下多次测量结果的最佳值.

根据统计理论,要使上述结论正确,测量的误差分布应该服从正态分布,这便是最小二乘法的统计基础.

2) 一元线性拟合

设一元线性关系为 $y = bx + a$,实验获得的 n 组数据为 $(x_i, y_i)(i = 1, 2, \cdots, n)$. 由于误差的存在,当把测量数据代入所设函数关系式时,等式两端一般并不严格相等,而是存在一定的偏差. 为了讨论方便起见,设自变量 x 的误差远小于因变量 y 的误差,则这种偏差就归结为因变量 y 的偏差,即

$$v_i = y_i - (a + bx_i).$$

根据最小二乘法,获得相应的最佳拟合直线的条件为

$$\frac{\partial}{\partial a} \sum_{i=1}^{n} v_i^2 = 0, \qquad \frac{\partial}{\partial b} \sum_{i=1}^{n} v_i^2 = 0.$$

若记

$$I_{xx} = \sum_{i=1}^{n} (x_i - x)^2 = \sum_{i=1}^{n} x_i^2 - \frac{1}{n} \left(\sum_{i=1}^{n} x_i \right)^2,$$

$$I_{yy} = \sum_{i=1}^{n} (y_i - y)^2 = \sum_{i=1}^{n} y_i^2 - \frac{1}{n} \left(\sum_{i=1}^{n} y_i \right)^2,$$

$$I_{xy} = \sum_{i=1}^{n} (x_i - x)(y_i - y) = \sum_{i=1}^{n} x_i y_i - \frac{1}{n^2} \sum_{i=1}^{n} x_i y_i.$$

代入方程组可以解出

$$a = y - bx, \quad b = \frac{I_{xy}}{I_{xx}}.$$

基于误差理论,得到最小二乘法一元线性拟合的标准差为

$$S_a = \sqrt{\frac{\sum_{i=1}^{n} x_i^2}{n \sum_{i=1}^{n} x_i^2 - \left(\sum_{i=1}^{n} x_i \right)^2}} \cdot S_y, \quad S_b = \sqrt{\frac{n}{n \sum_{i=1}^{n} x_i^2 - \left(\sum_{i=1}^{n} x_i \right)^2}} \cdot S_y,$$

$$S_y = \sqrt{\frac{\sum_{i=1}^{n} (y_i - a - bx_i)^2}{n - 2}}.$$

为了衡量测量点与拟合直线符合的程度,引入相关系数 r, $r = \frac{I_{xy}}{\sqrt{I_{xx} \cdot I_{yy}}}$,这里 $|r| \leqslant 1$. 当 $|r|$ 趋近于 1 时,说明测量点比较紧密地接近拟合直线;当 $|r|$ 趋近于 0 时,说明测量点较拟合直线分散,应该考虑用非线性拟合.

故而,使用最小二乘法拟合时,需要计算上述六个参数:a, b, S_a, S_b, S_y, r.

1.2.3 常用测量工具简介

为方便物理量之间的换算,在众多物理量中,设置有长度、质量、温度、时间、电流、光强度和物质的量共七个基本物理量. 这些基本物理量的测量构成了物理实验的基础操作. 除光强度和物质的量的测量仪器外,测量基本物理量所使用的仪器也就成为最常用的测量仪器. 其中,长度测量的工具有日常生活中使用的直尺、工厂车间里使用的游标卡尺或螺旋测微器(又叫作千分尺),用于测量一些微小物体或不易操控的测量对象的读数显微镜或者是扫描电子显微镜. 质量测量则经常使用到托盘天平、物理天平、电子天平或精度更高的电子秤. 时间测量则主要有数字秒表和机械秒表两类,手机中的秒表就属于数字秒表. 温度测量经常用到的工具有体温计、普通液体式温度计及热电偶等测量工具. 电流测量工具则有检流计与安培表,常用来测量电阻阻值的设备——欧姆表是在检流计的基础上改装而成的.

1. 长度测量工具

长度的基本单位是米(m),此外,常用的还有千米(km)、毫米(mm)、微米(μm)、纳米(nm). 在日常生活中,为了表达的方便,也可用分米(dm)、厘米(cm). 这些单位之间的换算关系如下: 1 km $= 10^3$ m, 1 m $= 10^3$ mm, 1 mm $= 10^3$ μm, 1 μm $= 10^3$ nm, 1 m $= 10$ dm, 1 dm $= 10$ cm.

长度测量是其他物理量测量的基础,熟练掌握长度测量方法对其他物理量的测量有较大的帮助.例如,温度计、安培表等测量工具的标度都是以长度来划分的.长度测量工具有直尺、游标卡尺、螺旋测微器、读数显微镜等,这些工具的选择应该视被测量的量值、测量精度的要求而定.例如,测量一些管状材料的内外径或者一端封闭的孔洞的深度时,采用游标卡尺就是一个不错的选择.

下面介绍几种常用仪器的使用方法,要求养成如下使用习惯:

① 观察测量工具,了解其结构,并记录能测量的最大值(一般为仪器的最大刻度值);

② 观察测量工具的最小刻度值(分度值),这个值一般代表能测量到的最大精确值,但一些可以准确读数的数字式仪表除外;

③ 根据设备的种类,决定是否进行估读;

④ 正确使用工具进行测量,并且正确地记录读数及单位.

1) 钢直尺

图 1.1 所示为使用钢直尺测量物体(如一段木块)长度时的示意图.该直尺最大刻度值为

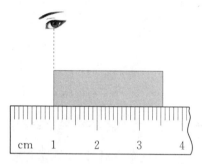

图 1.1 钢直尺测物体长度

300 mm,分度值为 1 mm,对于合格的此类直尺来说,全长允许的最大误差为 ±0.1 mm.如果直尺的全长大于 300 mm,其全长允许的最大误差可以处于 ±0.15 mm ~ ±0.2 mm之间.在日常生活中使用的直尺,一般标示的单位为厘米(cm),分度值为 1 mm,在进行实验测量时要求对毫米位的下一位进行估读.

使用直尺测量物体的几何尺寸,如长度、宽度、高度等时,除对直尺的最大刻度值与分度值进行观察外,在操作的过程中还要求遵守以下几点:

① 直尺的刻度线尽量靠近待测物,读数时视线要垂直于直尺;

② 如果直尺的起始端点已经受损,则找一整数刻度作为零点进行测量,如图 1.1 中选择 1 cm 处开始进行测量;

③ 由于受到外力或者温度等的影响,直尺可能会出现刻度不够均匀的现象,测量时可以选择不同起点进行多次测量,最后计算平均值以减小误差.

遵循如上方法对图 1.1 中物体进行测量(以为 mm 单位),可以准确读出十位为 3−1＝2,个位为 35−30＝5;用目测的方法,将 35~36 两端刻线之间等分成 10 份,物体的右端大约在 6 份的位置上.测量结果为三位有效数字,则该物体的长度测量读数 $L=25.6$ mm,其中读数 6 叫作估读数.估读数只有一位,随机误差一般就发生在这一位上.但绝不能理解为误差等于 0.6 mm.

2) 游标卡尺

图 1.2 所示为游标卡尺的结构示意图.游标卡尺主要由主尺与游标两部分组成.在主尺上的最小刻度值为 1 mm,而 1 mm 的下一位则由可以在主尺上滑动的游标来读取.游标卡尺与直尺相比,测量更为准确.游标卡尺可以利用外侧测定部来直接测量物体的长度与外径,利用内侧测定部可以测量管状物的内径,而深度测定部可以测量孔洞等的深度.

游标卡尺主尺的分度值一般为 1 mm,若副尺上的分格数为 n,则该游标卡尺的最小分度

值为 $\frac{1}{n}$ mm. 以实验室常用的游标卡尺为例,副尺刻度有 50 个分格,其分度值为 $\frac{1}{50}$ mm= 0.02 mm,称这种游标卡尺为 50 分游标卡尺. 此外,有时也用 20 分游标卡尺,即副尺刻度有 20 个分格,它的分度值为 $\frac{1}{20}$ mm=0.05 mm.

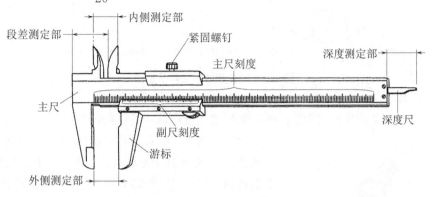

图 1.2　游标卡尺结构示意图

游标卡尺的读数方法如下:先在主尺上读取游标零刻度前的数字,其单位为 mm,再找到副尺上与主尺刻度对准的格数 N,乘以最小分度值 $\frac{1}{n}$ mm,即 $N \cdot \frac{1}{n}$ 为毫米位的下一位读数. 上述两个数字之和便是待测量的读数.

在使用游标卡尺时,还应注意如下事项:

① 测量之前应检查游标卡尺的零点读数,看主、副尺的零刻度线是否对齐. 若没有对齐,须记下零点读数,以便对测量值进行修正.

② 用刀口卡住被测物时,松紧要适当,不要用力过大,注意保护游标卡尺的刀口.

③ 测量圆筒内径时,要调整刀口位置,以便测出的是直径而不是弦长.

④ 读数的最后一位数字可以准确地读取,不必估读. 一般取游标卡尺的分度值为其仪器误差.

3) 螺旋测微器

图 1.3 所示为螺旋测微器的结构示意图. 螺旋测微器是根据螺旋放大原理制成的,即由微分筒 C 与可绕其旋转的固定套管 D 组成,当 C 转动一周,它便前进或者后退一个 0.5 mm 的螺距. 这样,沿螺杆轴线方向的微小移动距离就可通过螺母上的读数表示出来. 螺母每旋转一小格,测微螺杆移动的距离为 $\frac{0.5 \text{ mm}}{50}$=0.01 mm,所以螺旋测微器测量长度可以准确到 0.01 mm,而且还要估读一位. 如果以毫米为单位表示测量结果,可以读取到毫米的千分位,即小数点后有三位数字.

在测量前,螺旋测微器的测微螺杆与测砧刚好接触时,其读数应为 0,即微分筒"0"线应与套管上横线对齐. 由于在使用中磨损等原因,有可能出现微分筒的"0"线与套管上横线未对齐的情况,此时读取一个读数,这个读数叫作零点读数,最后的测量结果就是读数值与零点读数的差值.

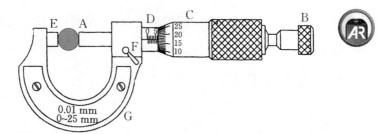

A—测微螺杆;B—棘轮;C—微分筒;D—固定套管;E—测砧;F—制动器;G—尺架.

图 1.3　螺旋测微器结构示意图

4) 读数显微镜

图 1.4　读数显微镜

如图 1.4 所示,读数显微镜是一种用来精密测量位移或长度的仪器. 它由一个显微镜和一个类似螺旋测微器的移动装置构成,主要用于测量一些微小的长度(如牛顿环干涉条纹). 它主要由观察装置、位置调节装置和读数装置三个部分组成. 其中观察装置由目镜和调焦旋钮组成,而位置的调节则通过转鼓来实现,利用转鼓的旋转可使镜筒左右移动. 读数由主尺的读数以及转鼓上的微小读数两部分构成. 使用读数显微镜时,首先将待测物置于载物台,调整目镜直至可以看到一清晰的黑色"十"字图案. 然后旋转转鼓,使"十"字图案向一侧移动,当"十"字图案与待测物的一侧相切时进行读数(方法与螺旋测微器相似),记为 x_0. 接着继续旋转(注意旋转方向不变.)转鼓,当"十"字图案与待测物的另一边相切时,进行读数,记为 x. 最后通过计算 $|x-x_0|$ 来确定待测物的长度.

2. 质量测量工具

在大学物理实验室中,测量物体质量所用的工具一般为天平,它是利用杠杆的平衡原理制成的. 将待测物体与标准砝码进行比较,从而得到物体的质量. 图 1.5 所示为物理天平的结构示意图. A 为横梁,B 为支架,C 为指针,D 为游码,E 与 E′为横梁螺母,F 与 F′为底座调节旋钮,G 为启动螺母,H 为制动架,J 为水准仪,O 为刀口,P 与 P′为平衡调节螺母,Q 为临时托盘,S 为分度盘,W 与 W′为托盘.

在使用物理天平前,必须了解其最大称量值(天平允许测量的最大值,即所有砝码的质量和与游码读数最大值之和)、分度值(天平的指针从标尺的中间位置偏离一小格时,天平上两托盘的质量差)、相对精度(天平的分度值与最大称量值之比).

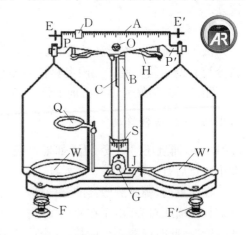

图 1.5　物理天平结构示意图

物理天平的使用步骤如下：

第一步，调整底座水平. 通过观察水准仪 J 判断底座的倾斜程度, 若水准仪 J 中的气泡不在中心位置, 则旋转天平的底座调节旋钮 F 或 F′, 使 J 中的气泡位于水准仪 J 的中心位置.

第二步, 调节横梁水平. 将游码 D 移至零刻度处, 旋转启动螺母 G, 使横梁 A 升起, 参考分度盘 S 来观察指针 C 的位置. 如果指针 C 静止时指向分度盘 S 的中间刻度或者指针 C 摆动时在分度盘 S 的中间刻度左右对称地摆动, 那么表示此时横梁 A 平衡; 否则, 就要根据指针 C 的倾向相应地调节横梁螺母 E 或 E′, 使横梁 A 平衡.

第三步, 放置待测物与称量. 旋转启动螺母 G 制动横梁 A, 将待测物体放入天平的左托盘 W, 同时在右托盘 W′ 放入砝码, 然后再次旋转启动螺母 G, 升起横梁 A, 参照第二步, 观察横梁 A 是否平衡, 如果不平衡, 则通过增减砝码与移动游码 D, 再次使横梁 A 平衡.

第四步, 读数. 旋转启动螺母 G, 使横梁 A 落下, 分别读取砝码与游码 D 的示值, 然后相加, 所得值就是待测物体的质量.

在物理天平使用的过程中, 为了保护天平的刀口 O, 在调整横梁 A 平衡、取放物体或者砝码时, 要旋转启动螺母 G, 使横梁 A 处于制动状态, 只有在观察天平是否平衡时才将横梁 A 升起. 为了保护砝码的准确度, 在取放砝码时要用镊子夹取.

在实验室中测量质量还会用到电子天平, 电子天平使用方法比较简单, 主要有初始化、放置物体、静待读数三个主要步骤. 第一步, 打开电子天平开关, 等待电子天平初始化, 静待液晶显示屏上出现一系列的 "0" 字样; 第二步, 把待测物体置于电子天平载物平台, 动作要轻拿轻放; 第三步, 当液晶显示屏上的数字保持不变就可以进行正确的读数记录.

3. 电学物理量测量工具

大学物理实验中, 需要测量的电学物理量有电流、电压及电阻等. 其中电流的测量是其他电学物理量测量的基础, 也是许多非电学物理量测量的基础. 电流的测量仪器种类较多, 最基本的电流测量仪器为检流计 (又叫作微安计). 合理改装检流计, 以测量较大的电流, 则称之为安培表. 用来测量电压的仪器叫作伏特表或者晶体管毫伏表, 测量电阻的仪器叫作欧姆表, 还有一种叫作万用表的仪器, 功能全面, 使用方便, 通过挡位的切换可以测量多种电学物理量. 在实验室中经常会用到可以观察到电压波形、频率和相位的示波器, 示波器的使用将在具体实验中进行详细介绍.

结合本科生大学物理实验的实际情况, 下面主要介绍检流计 (指针式)、晶体管毫伏表 (指针式) 和万用表 (数字式) 的使用方法及读数方法.

1) 检流计

检流计是测量微小电流的一种仪表, 可供电桥、电位差计、电表改装与校准实验使用. 检流计的表头如图 1.6 所示, 观察其表盘, 可以看出零点处于刻度盘的中间, 左为负, 右为正, 可以表示电流的方向. 在表盘的下方有一调零旋钮, 可在检流计使用前进行机械调零. 当检流计通过引线串联接入电路时, 要注意电路电流不能太大, 否则会损坏检流计.

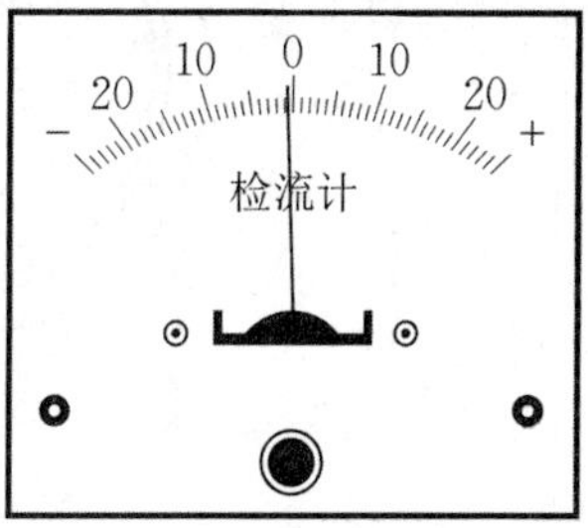

2) 晶体管毫伏表

图 1.6　检流计的表头

晶体管毫伏表可以用来测量电路的电压, 使用时将其正、负两极与待测电路并联, 切换到恰当的量程(一般使指针指在刻度盘的中间位置附近),然后进行读数记录.在使用过程中,容易出现的问题主要是读数出错.正确的操作如下:在测量前,将晶体管毫伏表的正、负两极短接调零,并选择最大量程,以避免表头过载而打弯指针.测量时,将正、负两极与信号线相连,根据所测信号大小选择合适的量程.为了减小误差,要求指针位于满刻度的 $\frac{1}{3}$ 以上.

注意:当晶体管毫伏表接入被测信号电压时,一般应先接地线,再接信号线.

3) 万用表

万用表可以测量多种电学物理量,如直(交)流电流与电压、电阻的阻值、电容器电容、二极管极性、三极管参数等.根据表盘可将万用表分为指针式与数字式两类,目前使用频率最高的是数字式万用表.下面以数字式万用表为例介绍使用方法.

在使用万用表测量不同的物理量时,首先要进行挡位的切换,同时注意量程的选择,表笔的正、负极性,这一点在测量电流与电压时尤其要注意;其次,测量电阻时,必须把电阻从电路中断开,不得带电进行电阻的测量,而且在记录读数时要弄清楚所在挡位的具体意义.最后,使用完毕后,应将表笔拔出,并且关闭万用表,万用表挡位拨到空挡或最大交流电压挡.

4. 时间测量工具

时间是描述物理过程发生发展过程的一个基本物理量,实验离不开时间的测量.时间的基本单位是秒(s).秒与小时(h)和分钟(min)可以按照 1 h=60 min,1 min=60 s,1 h=3600 s 的关系进行换算.而在进行实验时,还有可能用到毫秒(ms),1 s=10^3 ms.

实验室常用的时间测量仪器主要是机械秒表(可以精确到 0.2 s)、数字秒表(可以精确到 0.1 s 或 0.01 s)和数字毫秒计(可以精确到 0.1 ms).例如,在电子荷质比的测定实验中使用机械秒表进行测量,在变温黏滞系数的测定实验中使用数字秒表进行测量,在重力加速度的测量实验与三线摆测物体的转动惯量实验中使用数字毫秒计进行测量.

上述三种时间测量仪器都有"计时启动/计时结束"的按钮(按一次启动计时,再按一次计时结束),对于机械秒表和数字秒表在完成一个计时周期后还有复位按钮.在实验室进行实验时,有时也可以采用手机中的秒表功能来进行测量.

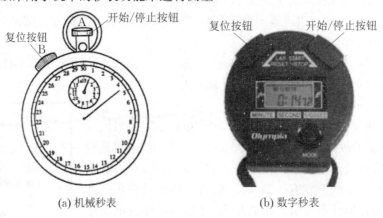

(a) 机械秒表　　　　　　　　　　(b) 数字秒表

图 1.7　秒表

如图 1.7 所示,秒表上有开始按钮/停止按钮和复位按钮.机械秒表在使用前要上紧发条,用完要让秒表继续走动,以防弹性发条疲劳而缩短使用寿命,而数字秒表则在使用后要复零,以减少电能损耗.

5. 温度测量工具

温度与人们的生活紧密相关,在现代科学技术中,温度测量的跨度很大,其范围可由接近 −273.15 ℃到几千摄氏度不等. 所采用的测量工具(温度计)种类也就较多,如液体温度计(煤油温度计、酒精温度计、水银温度计)、气体温度计、固体温度计(电阻温度计、热电偶)及辐射温度计和光测温度计等.

液体温度计是采用液体热胀冷缩的性质而制备的. 最早的温度计是意大利科学家伽利略(Galileo)于 1593 年发明的. 它由一根玻璃管及玻璃泡组成,内部装有水. 这种温度计易受到外界影响,测量误差较大. 1659 年,法国科学家布利奥(Boulliau)把玻璃泡的体积缩小,并把水改为水银,这样的温度计已具备了现在温度计的雏形. 1714 年,荷兰科学家华伦海特(Fahrenheit)又发明了华氏温度计,并用华氏度(℉)为单位来表征温度. 他观察了水的沸腾温度、水和冰混合时的温度、盐水和冰混合时的温度,经过反复实验与核准,最后把一定浓度的盐水凝固时的温度定为 0 ℉,把纯水凝固时的温度定为 32 ℉,把 1 个标准大气压下水沸腾的温度定为 212 ℉. 在华氏温度计出现的同时,法国科学家列奥缪尔(Reaumur)也设计制造了一种温度计. 他认为水银的膨胀系数太小,不宜作为测温物质,经过反复实践发现,含有 $\frac{1}{5}$ 水的酒精,在水的结冰温度和沸腾温度之间,体积从 1 000 个体积单位膨胀到 1 080 个体积单位. 因此他把水的冰点和沸点之间的温度平均分成 80 份,定为温度计的温度分度,这就是列氏温度计. 1742 年,瑞典科学家摄尔修斯(Celsius)改进了华氏温度计的刻度,在水的冰点与沸点之间等分成 100 份,成了现在的百分温度,即摄氏温度,用℃表示. 华氏温度与摄氏温度的关系为

$$1\text{ ℉} = \frac{9}{5}\text{ ℃} + 32, \quad \text{或} \quad 1\text{ ℃} = \frac{5}{9}(\text{℉} - 32).$$

上述三种温标在世界上多个国家都有使用,英国和美国多用华氏温度,德国多用列氏温度,而我国、法国等大多数国家则多用摄氏温度.

在使用液体温度计时,一般要注意:

① 玻璃泡应全部浸入待测液体中,且不碰到容器底部和侧壁;

② 玻璃泡浸入液体后要稍候,待温度计的示数稳定后再读数;

③ 读数时玻璃泡要留在待测液体中,视线与温度计中液柱的上表面平齐.

随着科学技术的发展和现代工业技术的需要,测温技术也不断地改进和提高. 由于测温要求的范围越来越广,差异越来越大,越来越多的测温仪器被发明出来,以满足不同的需要. 气体温度计多用氢气或氦气作为测温物质,因为氢气和氦气的液化温度很低,接近于绝对零度,故它的测温范围很广. 这种温度计精确度很高,多用于精密测量. 电阻温度计分为金属电阻温度计和半导体电阻温度计,都是根据电阻值随温度变化这一特性制成的. 金属电阻温度计的测温物质主要有铂、金、铜、镍等纯金属及铑-铁、磷-青铜等合金;半导体电阻温度计主要用碳、锗等作为测温物质. 电阻温度计使用方便可靠,已获得广泛应用. 它的测量范围为 −260~600 ℃. 温差电偶温度计是一种工业上广泛应用的测温仪器,利用温差电现象制成,即将两种不同的金属丝焊接在一起作为工作端,另两端与测量仪器连接,形成电路. 把工作端放在被测温度处,工作端与自由端温度不同,就会出现电势差,因而有电流通过回路. 通过对

电学物理量的测量,利用已知处的温度,就可以测定另一处的温度.这种温度计多用铜-康铜、铁-康铜、金-钴-铜、铂-铑等制成.它适用于温差较大的两种物质之间,多用于高温和低温测量.有的温差电偶温度计能测量高达 3 000 ℃的高温,有的能测量接近绝对零度的低温.

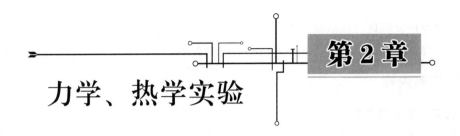

力学、热学实验

第2章

实验 2.1　常用仪器的使用

　　理工类本科大学生对于常用物理量的测量仪器(直尺、游标卡尺、螺旋测微器、天平、温度计、万用表、秒表)的测量原理、测量方法及读数方法的掌握有着重要的意义. 第一,对这些仪器的使用将会伴随着学生的每一次实验,甚至与其今后的工作、生活联系紧密;第二,对这些常用仪器的掌握,有助于学生更好地使用其他高精尖设备;第三,这些常用仪器的使用,有助于学生培养良好的实验习惯.

　　本实验将在上一章的基础上,重点介绍测量步骤、读数方法、数据处理以及注意事项.

2.1.1　实验目的

　　(1)熟练掌握常用仪器的使用方法.

　　(2)能够正确地使用常用仪器,对给定器材进行测量.

　　(3)能够对常用仪器进行正确地读数,并进一步提高、巩固对测量数据不确定度的分析及结果的修正.

2.1.2　实验仪器

　　直尺、游标卡尺、木块、铜管(铝管)、螺旋测微器、小钢球、物理天平、万用表、电阻、温度计、自来水、机械秒表.

2.1.3　实验要求

　　(1)3学时内完成一次实验.

　　(2)了解常用仪器的结构和原理.

　　(3)使用长度测量工具直尺、游标卡尺测量木块的边长.

　　(4)使用游标卡尺测量铜管的内、外径及高度.

　　(5)使用螺旋测微器测量小钢球的直径.

（6）使用物理天平测量物体的质量.

（7）使用万用表测电阻阻值.

（8）使用温度计正确测量自来水的温度.

（9）使用秒表测自己脉搏跳动 50 次或 100 次所用的时间.

（10）对测量结果进行评价,提交合格的实验报告册.

2.1.4 实验内容

1. 长度与质量的测量

认真学习上一章中长度测量工具与质量测量工具的相关内容,并分别测出实验室提供的测量对象(如木块、铜管或铝管、小钢球等)的质量及长、宽、高,内径、外径与直径等.

2. 电阻阻值的测量

1) 观察万用表

对机械式万用表表头(见图 2.1.1)进行仔细观察. 观察时,可以按照表头、选择开关与表笔及其插孔的顺序进行.

图 2.1.1　机械式万用表表头

（1）如果表头上刻有“A”“V”“Ω”等符号,则表示该万用表是可以测量电流、电压和电阻等的多用表. 表盘上符号“Ω”所指的线是电阻刻度线,刻度线的右端为零,左端为∞,刻度值分布是不均匀的;符号“－”或“DC”表示直流;符号“～”或“AC”表示交流;符号“≃”所指的线是交流和直流共用的刻度线. 刻度线下的几行数字是与选择开关的不同挡位相对应的刻度值. 另外,在表头上设有机械零位调整旋钮,用以校正指针在左端指零位.

（2）万用表的选择开关是一个多挡位的旋转开关,用来选择测量项目和量程. 一般万用表的测量项目包括“mA”(直流电流)、“$\overline{V}$”(直流电压)、“$\tilde{V}$”(交流电压)和“Ω”(电阻). 每个测量项目又划分为几个不同的量程以供选择.

（3）表笔分为红、黑两只. 使用时应将红色表笔插入标有“＋”号的插孔,黑色表笔插入标有“－”号的插孔.

2) 使用万用表的注意事项

（1）使用万用表前,首先将万用表水平放置,并检查表针是否停在表盘左端的零位,若有偏离,可用小螺丝刀轻轻转动表头上的机械调零旋钮,使表针指零;其次,将表笔按要求插入插孔;最后,将选择开关旋到相应的项目和量程上,就可以使用了.

（2）使用万用表后,第一步,拔出表笔;第二步,将选择开关旋至"OFF"挡.若无此挡,应旋至交流电压最大量程挡,如"→1000 V"挡;第三步,若长期不用,应将表内电池取出,以防电池电解液渗漏而腐蚀内部电路.

3）用数字式万用表测量电阻

（1）测量步骤.数字式万用表（见图 2.1.2）欧姆挡可以测量导体的电阻.欧姆挡用"Ω"表示,分为 200,2 k,20 k,200 k,2 M 和 20 M 等挡位.测量时,首先红表笔插入"VΩ"孔,黑表笔插入"COM"孔,量程旋钮打到"Ω"量程挡的适当位置,分别用红、黑表笔接到电阻两端的金属部分,读出显示屏上显示的数据.

（2）注意事项.① 量程的选择和转换.量程选小了显示屏上会显示"1.",此时应换用较大的量程;反之,如果量程选大了,显示屏上会显示一个接近于"0"的数,此时应换用较小的量程.② 显示屏上显示的数字加上挡位的单位就是电阻的阻值.注意"200"挡的单位是"Ω","2 k～200 k"挡的单位是"kΩ","2 M～2 000 M"挡的单位是"MΩ".

图 2.1.2　数字式万用表

3. 正确测量自来水的温度

（1）使用温度计时,手应拿在它的上部,实验中不允许将温度计当作搅拌棒使用.

（2）测量液体的温度时,必须使温度计的整个玻璃泡全部浸入待测液体,玻璃泡不能接触容器底部和侧壁,否则测出来的温度会有偏差,读数时,玻璃泡应留在待测液体中.

（3）温度计是用厚玻璃管制成的,温度的刻度在管的外表面而作为测温物质的液体装在管子里,读数的时候眼睛必须保持在温度计液面的同一高度上,否则会产生误差.

4. 用秒表（以机械秒表为例）测自己脉搏跳动 50 次或 100 次所用的时间

（1）观察秒表的构造和表盘,确认大、小表盘一周的量程以及分度值.

（2）按动三次按钮,观察指针的动作,了解秒表的计时方法.

（3）启动后,让大针转过一周,看小针转过多少,了解大、小指针转动之间的关系和读数方法.读数时应按先小后大的顺序看两指针指示的刻度.

2.1.5　数据处理

在数据处理过程中,只要将相应的测量数据代入以下公式即可得到对应物理量的不确定度.（各测量值用 x 表示）

注:若物理量为电压 U 或电流 I,则 $\Delta_{仪}=\pm$ 量程 $\times a\%$,其中 a 为指针式仪表的准确度等级;若测量时使用数字式仪表,则 $\Delta_{仪}$ 为最末一位的一个单位或按仪器说明估算.

x 的平均值

$$\overline{x}=\frac{1}{n}\sum_{i=1}^{n}x_i.$$

A 类不确定度

$$u_{\mathrm{A}} = \sqrt{\frac{\sum\limits_{i=1}^{n}(x_i-\overline{x})^2}{n(n-1)}} \quad (t_P \text{ 取值为 } 1).$$

B 类不确定度

$$u_{\mathrm{B}} = \frac{\Delta_{\text{仪}}}{\sqrt{3}}.$$

合成不确定度

$$U_x = \sqrt{u_{\mathrm{A}}^2 + u_{\mathrm{B}}^2}.$$

相对不确定度

$$U_r = \frac{U_x}{\overline{x}} \times 100\%.$$

x 的测量结果的完整表示为

$$x = \overline{x} \pm 2U_x.$$

原始数据记录（实验 2.1）

表 2.1.1 木块几何参数测量

测量次序	1	2	3	4	5	6	平均值
长度 a/cm							
宽度 b/cm							
高度 h/cm							

表 2.1.2 铜管几何参数测量

测量次序	1	2	3	4	5	6	平均值
内径 d/cm							
外径 D/cm							
高度 h/cm							

表 2.1.3 小钢球的直径测量　　　　　　（零点读数：$D_0 =$ _____）

测量次序	1	2	3	4	5	平均值	平均值（修正零点读数）
直径 D/cm							

表 2.1.4 物体质量测量

测量次序	1	2	3	4	5	6	平均值
物体质量/kg							

表 2.1.5 电阻阻值测量

测量次序	1	2	3	4	5	6	平均值
电阻 R_1/Ω							
电阻 R_2/Ω							
电阻 R_3/Ω							

温度数据记录：自来水的温度 $t =$ _____ ℃.

秒表数据记录：脉搏跳动 50 次所用的时间 $T =$ _____ s.

大学物理实验预习报告

实验项目 <u>常用仪器的使用</u>

班别＿＿＿＿＿＿＿＿＿＿学号＿＿＿＿＿＿＿＿＿＿＿姓名＿＿＿＿＿＿＿＿＿＿＿

实验进行时间＿＿＿＿年＿＿＿＿月＿＿＿＿日,第＿＿＿＿周,星期＿＿＿＿,＿＿＿＿时至＿＿＿＿时

实验地点＿＿＿＿＿＿＿＿＿＿＿＿

实验目的：

实验原理简述：

实验中应注意事项：

实验 2.2 固体密度的测量

密度是物质的一种基本属性,利用密度可以鉴定物体的物质组成,同时也可以确定物体的结构.例如,在工业上经常采用密度测量的方式来对物质进行成分分析和纯度鉴定.密度是指单位体积内所含物质质量的多少,一般表示为 1 m^3 的体积所包含的物质质量,单位为 kg/m^3.物质的密度测量有多种方法,基本方法是利用密度的定义式,即分别测量物质的质量 m 和相应的体积 V,则可得该物质的密度 $\rho = \dfrac{m}{V}$.对于液体或气体,可以利用密度测试仪测量密度.对于固体类物质,还可以采用排水法测量密度.

2.2.1 实验目的

(1)学习利用基本方法测量固体的密度,并且进一步强化常用仪器的使用.
(2)了解天平的结构,掌握它的使用方法,学会正确读数、记录数据.
(3)学习并掌握使用排水法测量固体体积的方法.

2.2.2 实验仪器

直尺、游标卡尺、螺旋测微器、物理天平(或电子天平)、量筒(或量杯)、毛巾、细线、铁块、镊子和待测物体若干.

2.2.3 实验原理

固体具有不同的形状与结构,其中体积的测量对密度测量结果的影响较大.对于不同的固体,其密度测量方法也有差别.

1. 形状规则物体密度的测量

对于形状规则物体,如长方体、球体等,在内部没有孔洞的基础上可以利用天平测量物体的质量 m,然后利用直尺、游标卡尺或者螺旋测微器等工具测量其长、宽、直径等几何参数,再计算体积,最终求出该物体的密度.

例如,现有一个球形物体,其质量为 m,直径为 d,其密度可表示为

$$\rho = \frac{6m}{\pi d^3}.$$

又如,现有一个待测的长方体木块,其质量为 m,长为 a,宽为 b,高为 h,其密度可表示为

$$\rho = \frac{m}{abh}.$$

2. 形状不规则物体密度的测量

1)排水法测量形状不规则物体的密度

大部分固体的形状是不规则的,其密度一般采用排水法进行测量.阿基米德原理指出,浸在液体中的物体受到一向上的浮力,其大小等于物体所排开的液体受到的重力.根据这一原

理,可以求出物体的体积.

如图 2.2.1 所示,一块新开出来的矿石形状不规则,测量该矿石密度的步骤如下:① 用天平测量该矿石在空气中的质量 m_1;② 把该矿石用细线系好,将它完全浸入水中,细线的另一端挂在天平托盘挂钩上.待水与矿石完全静止后,记录此时天平的读数 m_2.

由牛顿第二定律可得 $T+F_浮=G$(T 为矿石在水中受到的细线对它的拉力,$T=m_2 g$;$F_浮$ 为矿石受到水对其的浮力,$F_浮=\rho_水 g V_排$,$\rho_水$ 为实验温度下水的密度;G 为矿石所受到的重力,$G=m_1 g$),即

$$m_2 g + \rho_水 g V_排 = m_1 g.$$

解得

$$V_排 = \frac{m_1 - m_2}{\rho_水}.$$

该矿石的密度为

$$\rho = \frac{m_1}{m_1 - m_2}\rho_水.$$

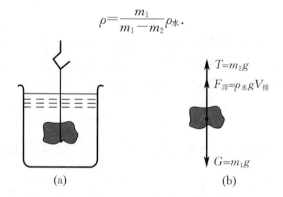

图 2.2.1　排水法测矿石的密度

2) 排水法测密度小于水的密度的固体的密度

利用上述方法仅可以测量密度大于 10^3 kg/m^3(水的密度)的固体材料的密度.对于密度小于 10^3 kg/m^3 的固体材料,还需要借助辅助物来完成测量工作,因为当待测物的密度小于水的密度时,待测物不能自行浸入水中.

(1) 方法一:① 用天平测量待测物在空气中的质量 m;② 将待测物拴上一重物,读取重物在空气中、待测物在水中时的合质量 m_2[见图 2.2.2(a)];③ 读取待测物和重物都浸没在水中时的合质量 m_3[见图 2.2.2(b)].

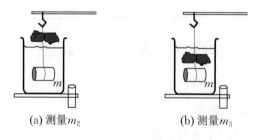

(a) 测量m_2　　　　　(b) 测量m_3

图 2.2.2　排水法测密度小于水的密度的固体的密度

待测物体的密度为

$$\rho = \frac{m}{m_2 - m_3} \rho_{水}.$$

（2）方法二：① 用天平测量待测物的质量 m；② 取一量筒，倒入适量的水；③ 用线拴住一重物（如铁块）并将它没入水中，记下这时量筒中水和重物的总体积 V_1；④ 用线把重物与待测物绑在一起，将它们没入水中，记下这时量筒中水、重物和待测物的总体积 V_2.

待测物的体积为

$$V = V_2 - V_1.$$

待测物的密度为

$$\rho = \frac{m}{V_2 - V_1}.$$

2.2.4　实验内容

1. 测量形状规则物体的密度

（1）用直尺、游标卡尺、螺旋测微器测量待测物（长方体木块、铝管、小钢球）的几何参数，选不同位置测量六次，取算术平均值，并记录数据于实验表格内.

（2）用天平测量待测物的质量 m.

（3）利用公式 $\rho = \dfrac{m}{V}$ 计算出待测物的密度.

2. 测量形状不规则物体的密度

自行设计步骤，任选一种测量方法测量密度大于水或者小于水的待测物的密度.

2.2.5　数据处理

（1）根据具体待测物的形状及性质，自行设计表格，记录数据.

（2）利用密度公式，计算待测物的密度.

（3）计算相对误差.

（4）分析、评价实验结果.

2.2.6　注意事项

（1）直尺、游标卡尺和螺旋测微器的使用注意事项见 1.2.3 节.

（2）在固体密度的测量过程中，应轻拿轻放，避免天平受损.

（3）在拴重物及待测物时，应拴牢固，以免脱落.

（4）读取量筒中的总体积时，眼睛要平视.

思考题

1. 如何用本实验介绍的方法测量某种液体的密度？

2. 如何测量木块的密度？

原始数据记录(实验 2. 2)

表 2.2.1　长方体测量

测量次序	长度/mm	宽度/mm	高度/mm
1			
2			
3			
4			
5			
6			
平均值			
质量 m/g			

表 2.2.2　圆柱体测量

测量次序	内径/mm	外径/mm	长度/mm
1			
2			
3			
4			
5			
6			
平均值			
质量 m/g			

表 2.2.3　球体测量

测量次序	1	2	3	4	5	6	平均值
直径/mm							
质量 m/g							

大学物理实验预习报告

实验项目**固体密度的测量**

班别＿＿＿＿＿＿＿＿＿＿＿＿学号＿＿＿＿＿＿＿＿＿＿＿＿姓名＿＿＿＿＿＿＿＿＿＿＿＿

实验进行时间＿＿＿＿年＿＿＿＿月＿＿＿＿日，第＿＿＿＿周，星期＿＿＿＿，＿＿＿＿时至＿＿＿＿时

实验地点＿＿＿＿＿＿＿＿＿＿＿＿＿＿

实验目的：

实验原理简述：

实验中应注意事项：

实验 2.3　重力加速度的测量

重力加速度是一个物体由于受地球引力作用而具有的加速度,也叫作自由落体加速度. 通常,重力加速度是地球表面附近的物体在真空环境下自由下落的加速度,记为 g. 受地球自转、地形、海拔高度、地壳成分等因素的影响,地表不同地区的重力加速度会有所差异. 重力加速度的精确测量在国防科技、经济建设和科学研究中具有十分重要的意义,可以应用于重力探矿、重力预震、地球物理学和空间科学研究等领域中.

重力加速度的测量方法有落体法、单摆法、复摆法、弦振动法,等等. 在本实验中,将使用落体法和单摆法两种方法对重力加速度进行测量,并对比这两种方法得到的重力加速度的测量精度和优缺点.

2.3.1　实验目的

(1) 掌握用落体法测量重力加速度的原理和测量方法.
(2) 掌握用单摆法测量重力加速度的原理和测量方法.
(3) 学会用作图法处理实验数据.
(4) 了解实验中不同数据处理方法导致的误差和不确定度的分析方法.

2.3.2　实验仪器

(1) 落体法装置:自由落体装置(包括两个光电门、数字毫秒计),金属小球.
(2) 单摆法装置:单摆装置,直尺,游标卡尺,数字毫秒计,细线,金属小球,摆幅测量标尺.

2.3.3　实验原理

1. 落体法

落体法是通过测量小球在重力作用下自由下落的时间和高度来间接得到重力加速度的

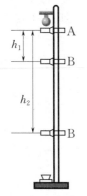

图 2.3.1　落体法

一种方法. 实验装置如图 2.3.1 所示. 在仪器顶端有被电磁铁吸住的小球,下方有两个光电门 A 和 B. 当电磁铁断电后释放小球,小球在重力作用下直线下落. 当小球经过光电门 A 时启动计时,经过光电门 B 时停止计时. 光电门 A 和 B 之间的高度差记为 h_1,下落时间记为 t_1,则有

$$h_1 = v_0 t_1 + \frac{1}{2} g t_1^2, \tag{2.3.1}$$

式中,g 是重力加速度,v_0 是经过光电门 A 时小球的初始速度. 由于上式中初始速度 v_0 与重力加速度 g 都是未知量,为了测量重力加速度 g,可以变换光电门 B 的高度(见图 2.3.1 中最下方的光电门 B 的位置),再进行一次同样的测量. 这次测量得到光电门 A 和 B 之间的高度差记为 h_2,下落时间记为 t_2,则有

$$h_2 = v_0 t_2 + \frac{1}{2} g t_2^2. \tag{2.3.2}$$

联立上两式,消去 v_0,得到

$$g = \frac{2\left(\dfrac{h_2}{t_2} - \dfrac{h_1}{t_1}\right)}{t_2 - t_1}. \tag{2.3.3}$$

式(2.3.3)中,h_1 和 h_2 是两个光电门之间的高度差,与小球底部与光电门 A 的距离无关;t_1 和 t_2 是小球经过光电门 A,B 之间的时间,不需要考虑小球开始下落时到触碰到光电门 A 的时间,也并不需要对小球的直径进行测量. 因此,用这种方法测量重力加速度具有简单易用的特点.

实验中,还可以通过变换光电门 B 的位置对重力加速度进行多次测量. 假设有 8 组测量数据,光电门 A 和 B 之间的高度差为 h_i,测量得到下落时间为 $t_i (i=1,2,\cdots,8)$. 利用这些测量数据,可以使用三种不同的方法求出重力加速度.

(1) 根据每四组数据进行一次逐差的方法,可以得到重力加速度的测量值为

$$g = \frac{2\left(\dfrac{h_8}{t_8} + \dfrac{h_7}{t_7} + \dfrac{h_6}{t_6} + \dfrac{h_5}{t_5} - \dfrac{h_4}{t_4} - \dfrac{h_3}{t_3} - \dfrac{h_2}{t_2} - \dfrac{h_1}{t_1}\right)}{t_8 + t_7 + t_6 + t_5 - t_4 - t_3 - t_2 - t_1}. \tag{2.3.4}$$

假设第 i 组测量中,两个光电门计时的不确定度为 $U_{t_i} (i=1,2,\cdots,8)$,高度测量不确定度均为 U_{h_i},则根据上式和误差传递公式,g 的不确定度为

$$U_g = \frac{2}{\displaystyle\sum_{i=5}^{8} t_i - \sum_{j=1}^{4} t_j} \sqrt{\sum_{i=1}^{8}\left[\frac{U_{h_i}^2}{t_i^2} + \left(\frac{v_{0i}}{t_i} + g\right)^2 U_{t_i}^2\right]}, \tag{2.3.5}$$

式中,$v_{0i} = \dfrac{h_i}{t_i} - \dfrac{1}{2} g t_i^2$ 为第 i 组数据得到的初速度值.

(2) 使用作图法处理数据. 在坐标纸上以 t 为横坐标、$\dfrac{h}{t}$ 为纵坐标绘出八组数据的坐标位置. 将八组数据用一条尽量靠近所有数据点的直线连接起来. 在直线上取两个距离较远的点,根据两个点的横坐标和纵坐标距离求出该直线的斜率 k. 重力加速度 g 为斜率的两倍,即 $g = 2k$.

(3) 将前七组中的每组测量数据分别与第八组数据对比,求得七个重力加速度测量值 g_i,即

$$g_i = \frac{2\left(\dfrac{h_8}{t_8} - \dfrac{h_i}{t_i}\right)}{t_8 - t_i} \quad (i=1,2,\cdots,7). \tag{2.3.6}$$

需要注意的是,每组 g_i 的测量精度都是不同的. 根据上式和误差传递公式,g_i 的不确定度为

$$U_{g_i} = \frac{2}{t_8 - t_i} \sqrt{\left(\frac{U_{h_i}^2}{t_i^2} + \frac{U_{h_i}^2}{t_8^2}\right) + \left[\left(\frac{v_{0i}}{t_i} + g_i\right)^2 U_{t_8}^2 + \left(\frac{v_{08}}{t_8} + g_i\right)^2 U_{t_i}^2\right]}, \tag{2.3.7}$$

式中,$v_{0i} = \dfrac{h_i}{t_i} - \dfrac{1}{2} g_i t_i^2$,$v_{08} = \dfrac{h_8}{t_8} - \dfrac{1}{2} g_i t_8^2$. 经简单分析可知,为了使得 U_{g_i} 尽量小,应当让初始

速度 v_{0i} 和 v_{08} 尽量小,即光电门 A 应当尽量靠近小球下落处.当光电门 A 固定以后,通过简单的数学分析可知,U_{g_i} 在 t_i 取某个值时存在最小值.由于 t_i 和 h_i 有一一对应的关系,可以通过分析每组测量数据,将精度最高的 g_i 值找出,作为重力加速度的最佳测量值.

2. 单摆法

单摆法是通过测量一个由细线悬挂的小球的摆动周期来间接测量重力加速度的方法.一

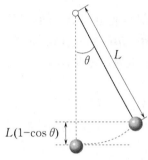

图 2.3.2　单摆法

个质量为 m 的小球挂在一根绳子上,从一定高度释放后,小球在重力作用下,在垂直平面内的平衡位置左右摆动(见图 2.3.2).绳子重量可以忽略不计,单摆的摆长 L 为小球质心到悬点的长度.

记 θ 为绳子与竖直方向的夹角,则小球的速度为 $L\dfrac{\mathrm{d}\theta}{\mathrm{d}t}$,与最低点的高度差为 $L(1-\cos\theta)$.忽略空气阻力和浮力,根据能量守恒定律,单摆在任一位置的总能量

$$E=\frac{1}{2}m\left(L\frac{\mathrm{d}\theta}{\mathrm{d}t}\right)^2+mgL(1-\cos\theta)=E_0,$$

式中,E_0 为单摆初始能量.假设小球初始释放时绳子与竖直方向的夹角为 θ_0,则

$$E_0=mgL(1-\cos\theta_0).$$

方程可以化简为

$$\frac{\mathrm{d}\theta}{\mathrm{d}t}=\sqrt{\frac{2g}{L}}\sqrt{\cos\theta-\cos\theta_0}.$$

单摆的周期为

$$T=\int\mathrm{d}t=4\int_0^{\theta_0}\sqrt{\frac{L}{2g}}\,\frac{\mathrm{d}\theta}{\sqrt{\cos\theta-\cos\theta_0}}=2\pi\sqrt{\frac{L}{g}}\left(1+\frac{1}{4}\sin^2\frac{\theta_0}{2}+\cdots\right).\quad(2.3.8)$$

可以看到,在式(2.3.8)中,当 θ_0 较大时,θ_0 也会对周期的测量产生影响,取一阶近似,则周期和重力加速度分别为

$$T=2\pi\sqrt{\frac{L}{g}}\left(1+\frac{1}{4}\sin^2\frac{\theta_0}{2}\right),\quad(2.3.9)$$

$$g=\frac{4\pi^2L}{T^2}\left(1+\frac{1}{4}\sin^2\frac{\theta_0}{2}\right)^2.\quad(2.3.10)$$

若 $\theta_0\approx0°$,则重力加速度为

$$g=\frac{4\pi^2L}{T^2}.\quad(2.3.11)$$

在实验中,可以采用不同的初始角度 θ_0 或摆长 L,并测量相应的周期 T,用多组数据求平均值的方法求出重力加速度.也可以使用作图法画出以 $\sin^2\dfrac{\theta_0}{2}$ 为横坐标、T 为纵坐标的测量点,用一条尽量靠近所有数据点的直线连接起来.将直线向横轴左边外推,从截距中得到 $\theta_0=0°$ 时的周期 T,根据式(2.3.11)得到重力加速度 g.

2.3.4　实验内容

1. 落体法测量重力加速度

(1)调整自由落体装置,使之水平.安装吊线锤,检查立柱是否竖直.若未竖直,则旋动三

个地脚螺钉调整,要求使吊线通过光电门的圆孔中心.确认仪器水平后拆除吊线锤.

(2) 熟悉数字毫秒计的使用方法.一般光电联动计时仪器有多种计时方式,本实验采用的是双光电门方式.检验方法如下:用小物件(如纸片等)遮挡一下上光电门,这时数字毫秒计应该开始计时,再遮挡一下下光电门,此时数字毫秒计应该停止计时.

(3) 将上光电门安装在小球底部下方约 5～10 cm 处(之后不再移动),将下光电门安装在上光电门下方 10 cm 处.

(4) 打开数字毫秒计中的电磁铁开关,使小球被电磁铁吸住.关闭电磁铁开关,小球下落,数字毫秒计计时.此时数字毫秒计显示次数应为 2,时间窗口显示下落时间 t.将下落时间记录到表 2.3.1 中.重复实验五次,并求下落时间的平均值.

(5) 向下移动下光电门 10 cm,重复步骤(4).如此反复七次.

2. 单摆法测量重力加速度

1) 验证周期与摆角的关系

(1) 调节小球挂绳的长度到适当值(约 1～1.2 m 左右),使用直尺测量挂绳悬点到小球表面的距离 l,使用游标卡尺测量小球的直径 D.每个量在不同位置测量三次,将测量数据填入表 2.3.2,并计算摆长 $L=l+\dfrac{D}{2}$.

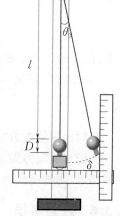

(2) 调节单摆装置,使之水平.当小球静止悬挂,不再摆动时,挂绳大致与挂杆平行;调节光电门的位置,使小球下方的塑料挡板刚好挡住光电门;调节水平标尺的高度和位置,使小球和光电门位于水平标尺正上方,记录小球垂直悬挂静止时光电门的位置.

(3) 移动竖直标尺,使小球的初始水平位移为 δ(见图 2.3.3). δ 的要求值见表 2.3.3.

(4) 打开数字秒表(人工计时),按"R"键重置数字秒表,调节计数为 60 次.

(5) 将小球在水平方向移动至竖直标尺处,使小球表面与竖直标尺刚好接触.由几何关系可知,水平位移 δ 与摆角 θ 的关系为 $\delta=L\sin\theta+\dfrac{D}{2}$.将小球放开,小球将进行周期摆动.按下计时器的开始键

**图 2.3.3　单摆法测量
重力加速度**

"⌒"开始计时,数字秒表计数到达 60 次后会自动停止计时,并显示 30 个周期的总时间 t.每组实验重复三次,数据记入表 2.3.3.

(6) 按表 2.3.3 提供的 δ 值,重复(3)～(5)步骤.对每个 δ 值重复做三次.将实验数据记入表 2.3.3.

2) 验证周期与摆长的关系

根据表 2.3.4,改变悬点到小球表面的距离 l,使用类似的方法完成实验,并将实验数据记录到表 2.3.4 中.要求初始时摆角 $\theta_0<5°$.

2.3.5　数据处理

1. 落体法

(1) 计算 t 的不确定度 U_{t_i},并填入表 2.3.5.

（2）计算高度 h 的不确定度 U_h，其中 A 类不确定度 $u_A=0$.

（3）根据实验原理中描述的方法（1），用逐差法计算重力加速度 g，并求相应的不确定度 U_{g_i}.

（4）根据实验原理中描述的方法（2），用作图法求 g 值.

（5）（选做）根据实验原理中描述的方法（3），计算每个 h_i 对应的重力加速度 g_i 和不确定度 U_{g_i}，填入表 2.3.5. 在所有结果中，取最小误差的点作为实验测量得到的最佳 g 值.

将上述每种方法得到的 g 值与当地标准重力加速度值 g_0 做对比，计算相对误差

$$E_g = \frac{|g-g_0|}{g_0} \times 100\%.$$

2. 单摆法

（1）利用作图法求重力加速度. 根据表 2.3.4 中的数据作 $T-\sin^2\frac{\theta_0}{2}$ 关系图，验证摆角和周期之间的关系，并用外推法求出 $\theta_0=0°$ 时的周期 T. 根据式（2.3.11）求重力加速度 g.

（2）根据表 2.3.4 中的数据进行计算，完成表 2.3.6. 其中每组摆长对应的重力加速度 g 可以根据式（2.3.11）求得. 在单摆法中，重力加速度的不确定度

$$U_g = g\sqrt{\left(\frac{U_L}{L}\right)^2 + \left(\frac{2U_T}{T}\right)^2},$$

式中，摆长的不确定度 $U_L=u_B$.

（3）对比测量值 g 与当地标准重力加速度值 g_0 的差别，计算相对误差

$$E_g = \frac{|g-g_0|}{g_0} \times 100\%.$$

3. 对比测量重力加速度的两种实验方法和数据处理方法

比较测量重力加速度的两种方法和数据处理方法，哪一种更简单、方便、实用？所得到的测量结果，哪种更精确？分析产生误差的原因.

2.3.6　注意事项

（1）在落体法实验中，要求上、下两光电门中心在同一条铅垂线上，使小球下落时的中心通过两个光电门的中心.

（2）在落体法和单摆法实验中，支柱都不应该有晃动，实验过程中不要碰撞实验装置.

〔思考题〕

1. 在单摆法实验中，为什么单摆必须在竖直平面内摆动？

2. 将所得的实验结果与当地标准重力加速度值相比较，能得出什么结论？若有偏差，试分析.

原始数据记录（实验 2.3）

表 2.3.1 落体法测量重力加速度

下光电门与上光电门的高度差/cm		下落时间 t/s						初始速度 v_0/(cm/s)
		1	2	3	4	5	平均值	
h_1	10							
h_2	20							
h_3	30							
h_4	40							
h_5	50							
h_6	60							
h_7	70							
h_8	80							

表 2.3.2 单摆法测量重力加速度（1）

测量次序	小球直径 D/cm	摆线长 l/cm	摆长 $L=\left(l+\dfrac{D}{2}\right)$/cm
1			
2			
3			
平均值			

表 2.3.3 单摆法测量重力加速度（2）

光电门底部对应的标尺位置：_____ cm

初始水平位移 δ/cm	30 个周期总时间 t/s				平均单个周期 T/s
	1	2	3	平均值	
5					
10					
15					
20					

表 2.3.4　单摆法测量重力加速度（3）

摆线长 l/cm	初始水平位移 δ/cm	30 个周期总时间 t/s				平均单个周期 T/s
		1	2	3	平均值	
60						
80						
100						
120						

表 2.3.5　落体法测量重力加速度不确定度计算

上、下光电门的高度差 h_i/cm	下落时间的不确定度 U_{t_i}	重力加速度 g_i/(cm/s²)	重力加速度的不确定度 U_{g_i}/(cm/s²)
10			
20			
30			
40			
50			
60			
70			
80			

表 2.3.6　单摆法测量重力加速度不确定度计算

摆长 L/cm	重力加速度 g/(cm/s²)	单个周期的不确定度 U_T/s	重力加速度的不确定度 U_g/(cm/s²)
$60+\dfrac{D}{2}$			
$80+\dfrac{D}{2}$			
$100+\dfrac{D}{2}$			
$120+\dfrac{D}{2}$			

大学物理实验预习报告

实验项目 **重力加速度的测量**

班别＿＿＿＿＿＿＿＿＿＿＿＿学号＿＿＿＿＿＿＿＿＿＿＿姓名＿＿＿＿＿＿＿＿＿＿＿

实验进行时间＿＿＿＿年＿＿＿＿月＿＿＿＿日，第＿＿＿＿周，星期＿＿＿＿，＿＿＿＿时至＿＿＿＿时

实验地点＿＿＿＿＿＿＿＿＿＿＿＿

实验目的：

实验原理简述：

实验中应注意事项：

实验 2.4　三线摆测物体的转动惯量

转动惯量是刚体绕某定轴旋转时惯性的量度,其量值取决于物体的形状、质量分布及转轴的位置,而与刚体是否处于旋转状态无关.刚体的转动惯量在科学实验、工程技术、航天、电力、机械、仪表等许多领域有重要的应用.许多涉及转动动力学的问题,如钟摆的摆动、直升机螺旋桨的转动、火箭发射和飞行控制等,都与转动惯量的大小密切相关.对于几何形状简单、质量分布均匀的刚体,可以直接用数学方法计算出它相对于转轴的转动惯量.而对于几何形状复杂和质量分布不均匀的物体,其转动惯量只能通过实验的方法来精确地测定.因此,学会使用实验方法来测定刚体转动惯量具有重要的实际意义.

实验上,为测定刚体的转动惯量,一般先让刚体以某种形式进行运动,再通过描述运动的某些物理量与转动惯量的关系来进行测定.测定刚体转动惯量的方法有很多,常用的有三线摆法、扭矩法、复摆法等.本实验采用三线摆法,通过周期扭转运动测定物体的转动惯量,其特点是物理图像清楚、操作简便易行、适合各种形状的物体,如机械零件、电机转子、枪炮弹丸、电风扇的风叶等.

2.4.1　实验目的

（1）掌握三线摆法测物体转动惯量的原理和方法.
（2）用三线摆法测定圆盘和圆环的转动惯量.
（3）验证转动惯量的平行轴定理.

2.4.2　实验仪器

转动惯量测量仪、数字毫秒计、电子秤、气泡水准仪、直尺、游标卡尺、金属圆柱、金属圆环.

2.4.3　实验原理

1. 刚体转动惯量的理论基础知识

当刚体绕某个定轴转动时,其转动惯量 J 定义为刚体中每个质元的质量 dm 与质元到转轴距离 r 平方的乘积的积分:

$$J = \int r^2 \, dm.$$

可见,转动惯量与刚体的质量分布和转轴位置有关.

转动惯量是描述刚体在外力矩作用下改变其转动状态难易程度的物理量.当外力矩 M 作用于刚体时,刚体将获得角加速度 α,根据刚体的转动定律有

$$\alpha = \frac{M}{J}.$$

因此,转动惯量越大的刚体,在相同力矩的作用下获得角加速度越小,其旋转状态越难改变.

将转动定律与牛顿第二定律对比,可以看到,转动惯量与质量意义相当,是描述刚体在转动中惯性的度量.

某些形状规则、质量分布均匀的物体,其转动惯量可以通过计算获得.例如,本实验中,对于底面直径为 D、总质量为 m 的圆柱形物体,绕垂直于底面且经过圆心的定轴转动时的转动惯量为 $J = \frac{1}{8}mD^2$;对于外直径为 D_2、内直径为 D_1、总质量为 m 的圆环,绕垂直于底面且经过圆心的定轴转动时的转动惯量为 $J = \frac{1}{8}m(D_2^2 + D_1^2)$.

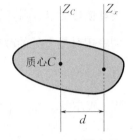

刚体的转动惯量与转轴有关.如图 2.4.1 所示,假设刚体质量为 m,质心位于 C 点,其相对于通过质心 C 的转轴 Z_C 的转动惯量为 J_C,另一转轴 Z_x 与 Z_C 互相平行,两平行轴相距为 d,则刚体相对转轴 Z_x 的转动惯量为

$$J_x = J_C + md^2.$$

这一结论称为平行轴定理.

图 2.4.1　平行轴定理

2. 三线摆原理

本实验使用三线摆法测定圆柱和圆环的转动惯量.

三线摆装置结构如图 2.4.2 所示,它由上、下两个圆盘及三条等长的悬线连接而成.上、下两个圆盘的三个悬线点连线均构成等边三角形,其内接圆的圆心分别与上、下圆盘的圆心重合(一般上圆盘半径比下圆盘半径小),上、下圆盘的圆心分别记为 O 和 O',将上圆盘转动一小角度,可使下圆盘绕转轴 OO' 来回转动.在下圆盘摆动过程中,如果上、下圆盘都处于水平状态,并且下圆盘转动时没有晃动,那么下圆盘的质心将沿转轴 OO' 竖直升降.在这一过程中,下圆盘(包括放置在下圆盘上面的物体)的势能与动能相互转化.下圆盘摆动的周期与它的转动惯量有关.若下圆盘上放置了其他物体,则下圆盘的摆动周期将发生变化.

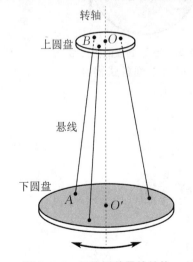

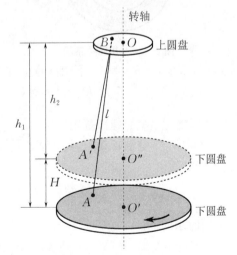

图 2.4.2　三线摆装置的结构　　　　　　图 2.4.3　下圆盘转动的侧视图

下面研究下圆盘转动周期与其转动惯量的关系.

如图 2.4.3 所示,当上、下圆盘都静止时,下圆盘位于最低处,记上、下圆盘高度差为 h_1,

悬线长度为 l. 当小角度转动上圆盘,再放开后,下圆盘将相对上圆盘来回转动. 在任意时刻,当下圆盘转动一个小角度 θ 时,由于悬线长度固定,上、下圆盘的高度差将变为 h_2,下圆盘相对最低处上升的高度为

$$H = h_1 - h_2.$$

下圆盘相对 OO' 轴转动的角速度为 $\dfrac{\mathrm{d}\theta}{\mathrm{d}t}$,垂直方向的速度为 $\dfrac{\mathrm{d}H}{\mathrm{d}t}$. 假设下圆盘的质量为 m_0,转动惯量为 J_0,则其转动动能为 $\dfrac{1}{2}J_0\left(\dfrac{\mathrm{d}\theta}{\mathrm{d}t}\right)^2$,竖直方向的动能为 $\dfrac{1}{2}m_0\left(\dfrac{\mathrm{d}H}{\mathrm{d}t}\right)^2$,重力势能在转动中相对最低处的改变量为 m_0gH. 如果忽略空气阻力,则根据重力场中总机械能守恒,有

$$\frac{1}{2}J_0\left(\frac{\mathrm{d}\theta}{\mathrm{d}t}\right)^2 + \frac{1}{2}m_0\left(\frac{\mathrm{d}H}{\mathrm{d}t}\right)^2 + m_0gH = 常量.$$

当 θ 很小时($<5°$),$\left(\dfrac{\mathrm{d}H}{\mathrm{d}t}\right)^2$ 可以忽略不计,上式简化为

$$\frac{1}{2}J_0\left(\frac{\mathrm{d}\theta}{\mathrm{d}t}\right)^2 + m_0gH = 常量. \tag{2.4.1}$$

为了获得 θ 的解,需要获得 H 和 θ 的关系. 设 A 点和 A' 点分别为下圆盘在最低处时和转动后的某个悬点位置,B' 点为上圆盘与 A(或 A')点相连的悬点在转动后的下圆盘上作垂线的投影点(见图 2.4.4). 记 $R = |O'A|$,$r = |O'B'|$,其中 O' 点为下圆盘的圆心,则 r,R 分别为上、下圆盘中悬线点到盘圆心的距离. 由图 2.4.2 和图 2.4.5 可知:

$$|AB|^2 = R^2 + r^2 - 2Rr\cos\theta, \quad h_2^2 = l^2 - |AB|^2, \quad h_1^2 = l^2 - (R-r)^2.$$

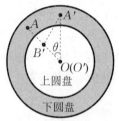

图 2.4.4　几何关系图

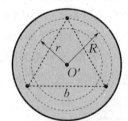

图 2.4.5　上、下圆盘的俯视图

由于 $h_1 \approx h_2$,可令 $h = h_1$,为上、下圆盘静止时的高度差. 联合上面各式得到

$$h_1^2 - h_2^2 \approx 2Hh = 2Rr(1-\cos\theta),$$

因此,

$$H = \frac{Rr(1-\cos\theta)}{h}. \tag{2.4.2}$$

将式(2.4.2)代入式(2.4.1),得

$$\frac{1}{2}J_0\left(\frac{\mathrm{d}\theta}{\mathrm{d}t}\right)^2 + \frac{m_0gRr(1-\cos\theta)}{h} = 常量.$$

上式两边同时求时间的导数,得

$$J_0\frac{\mathrm{d}\theta}{\mathrm{d}t}\frac{\mathrm{d}^2\theta}{\mathrm{d}t^2} + \frac{m_0gRr\sin\theta}{h}\frac{\mathrm{d}\theta}{\mathrm{d}t} = 0.$$

因为 θ 很小,即 $\sin\theta \approx \theta$,所以上式化简为

$$\frac{\mathrm{d}^2\theta}{\mathrm{d}t^2} = -\frac{m_0gRr\sin\theta}{hJ_0} \approx -\frac{m_0gRr\theta}{hJ_0} = -\omega_0^2\theta. \tag{2.4.3}$$

式(2.4.3)表明,下圆盘小角度地来回转动可看作简谐振动,ω_0 为振动的角频率,有

$$\omega_0 = \sqrt{\frac{m_0 gRr}{hJ_0}}.$$

微分方程(2.4.3)的解为

$$\theta = \theta_0 \sin(\omega_0 t + \varphi),$$

振动周期为

$$T_0 = \frac{2\pi}{\omega_0} = 2\pi \sqrt{\frac{hJ_0}{m_0 gRr}}.$$

故转动惯量与振动周期的关系为

$$J_0 = \frac{m_0 gRr}{4\pi^2 h} T_0^2. \tag{2.4.4}$$

注意:R 和 r 不是圆盘的半径,而是悬线点离转动轴 OO' 的距离. 实验过程中,可以通过测量悬线点组成的等边三角形的边长来获得. 假设下圆盘悬线点组成的等边三角形的边长为 b(见图 2.4.5),则对于下圆盘有

$$R = \frac{\sqrt{3}}{3} b.$$

假设上圆盘悬线点组成的等边三角形的边长为 a,类似地,有

$$r = \frac{\sqrt{3}}{3} a.$$

将 R 和 r 代入式(2.4.4),得

$$J_0 = \frac{m_0 gab}{12\pi^2 h} T_0^2. \tag{2.4.5}$$

通过式(2.4.5),测量下圆盘摆动周期及三线摆的其他参数,就可以计算下圆盘的转动惯量.

3. 待测物体转动惯量的测量

根据式(2.4.5)得到下圆盘的转动惯量后,可以进一步测量待测物体的转动惯量. 具体方法如下:

设待测物体的质量为 m,转动惯量为 J. 将待测物体放置在下圆盘上,其质心通过转轴 OO'. 假设下圆盘和待测物体的总转动惯量为 J',其摆动周期变为 T,则有

$$J' = J_0 + J = \frac{(m_0 + m) gab}{12\pi^2 h} T^2. \tag{2.4.6}$$

联立式(2.4.5)、式(2.4.6),解得待测物体的转动惯量为

$$J = J' - J_0 = \frac{gab}{12\pi^2 h} \left[(m_0 + m) T^2 - m_0 T_0^2 \right]. \tag{2.4.7}$$

利用这种方法,可以间接测量待测物体的转动惯量. 在本实验中,需要使用这种方法测量圆柱、圆环的转动惯量并检验平行轴定理.

2.4.4　实验内容

(1) 使用电子秤分别测量下圆盘、圆柱、圆环的质量 m_0, m_C, m_R,将测量数据记录在

表 2.4.1 中.使用游标卡尺测量圆柱的底面直径 D_C、圆环的外径 D_R 和内径 D_r,将测量数据记录到表 2.4.2 中.

(2) 将气泡水准仪放在上圆盘上,调节三线摆底座的水平调节螺钉,使上圆盘处于水平状态;类似地,将气泡水准仪放在下圆盘上,调节三条悬线的长度,使下圆盘水平.

(3) 使用直尺测量上、下圆盘之间的垂直高度;使用游标卡尺测量上圆盘悬线点连线构成的等边三角形的边长 a(三条边长均需测量).类似地,测量下圆盘悬线点连线构成的等边三角形的边长 b.将上述测量结果记录在表 2.4.2 中.

(4) 测量下圆盘的转动惯量 J_0,其方法如下:

调节计时器的次数预设为 60 次,对应摆动周期为 30 次.小角度转动上圆盘后再放开,使下圆盘绕转轴做小幅摆动.此时计时器开始计时,达到预设次数后自动停止计时.计时器显示 30 个周期的总时间 T_{30}.重复测量五次,将 T_{30} 记录到表 2.4.3 中.

(5) 测量圆柱的转动惯量.将圆柱体置于下圆盘中心处,使用类似步骤(4)的方法测量下圆盘和圆柱一起摆动 30 个周期时的总时间.重复测量五次,将 T_{30} 记录到表 2.4.3 中.

(6) 测量圆环的转动惯量.将圆环中心对齐下圆盘中心处放置,使用类似步骤(4)的方法测量下圆盘和圆环一起摆动 30 个周期时的总时间.重复测量五次,将 T_{30} 记录到表 2.4.3 中.

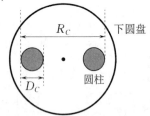

图 2.4.6 验证平行轴定理

(7) 验证平行轴定理.将两个圆柱对称于下圆盘圆心放置(见图 2.4.6),当两个圆柱外边缘相距 $R_C = 5$ cm,10 cm,15 cm 和 20 cm 时,分别测量下圆盘和两个圆柱一起摆动 30 个周期时所花的时间 T_{30}.每个 R_C 测量五次,将 T_{30} 记录到表 2.4.3 中.

(8) 对上述测量得到的 T_{30} 计算其平均值 $\overline{T}_{30}$ 和单次平均周期 $\dfrac{\overline{T}_{30}}{30}$,记录到表 2.4.3 中.

2.4.5 数据处理

(1) 计算下圆盘的转动惯量平均值.

计算各直接测量量的平均值:$\overline{T}_0$,$\overline{m}_0$,$\overline{h}$,$\overline{a}$,$\overline{b}$;将各平均值代入下式计算下盘转动惯量的测量值:

$$J_0 = \frac{\overline{m}_0 g \overline{a} \, \overline{b}}{12\pi^2 \overline{h}} \overline{T}_0^2.$$

(2) 计算下圆盘转动惯量的不确定度.

根据物理量使用的实验仪器,写出所测量的不确定度:u_{T_0},u_{m_0},u_h,$u_a(=u_b)$.

计算各个测量值的 A 类、B 类不确定度,计算总不确定度:U_{T_0},U_{m_0},U_h,U_a,U_b.

根据不确定度传递公式,计算下圆盘转动惯量的相对不确定度:

$$E_{J_0} = \frac{U_{J_0}}{J_0} = \sqrt{\left(\frac{U_{m_0}}{m_0}\right)^2 + \left(\frac{U_h}{\overline{h}}\right)^2 + \left(\frac{U_a}{\overline{a}}\right)^2 + \left(\frac{U_b}{\overline{b}}\right)^2 + 4\left(\frac{U_{T_0}}{\overline{T}_0}\right)^2}.$$

(3) 计算圆柱的转动惯量的测量值,对比理论值 $J = \dfrac{1}{8}mD^2$,计算相对误差.

(4) 计算圆环的转动惯量的测量值,对比理论值 $J=\dfrac{1}{8}m(D_2^2+D_1^2)$,计算相对误差.

(5) 计算两个圆柱相距 $R_C=5\text{ cm},10\text{ cm},15\text{ cm},20\text{ cm}$ 时转动惯量的测量值,画出两个圆柱的转动惯量的测量值与 R_C 的关系图,对比平行轴定理的理论值 $J=2\left[\dfrac{1}{8}mD_C^2+m\left(\dfrac{R_C}{2}-\dfrac{D_C}{2}\right)^2\right]$.

2.4.6　注意事项

(1) 实验中一个可能产生误差的原因是下圆盘在摆动的过程中发生左右晃动. 因此,应当通过转动上圆盘的方式来使得下圆盘发生摆动.

(2) 如果上圆盘不水平,会使得三条悬线受力不均匀,造成实验误差. 因此实验中除下圆盘需要水平外,还需要上圆盘保持水平.

〖思考题〗

1. 三线摆在摆动中由于空气阻力及仪器零件间的摩擦,其振幅会越来越小. 它的周期是否会因此发生变化? 为什么?

2. 若一个物体的质量、形状不发生变化,它的转动惯量是否为一个固定值?

3. 下圆盘加上待测物体后,其周期是否一定比空盘时长? 为什么?

原始数据记录（实验 2.4）

表 2.4.1 使用电子秤测量各物体质量

下圆盘质量 m_0/g	圆柱质量 m_C/g	圆环质量 m_R/g	质量测量误差 Δm/g

表 2.4.2 三线摆的物理量测量

物体	物理量	测量值/cm	测量工具	仪器误差
上圆盘	悬线点连线构成等边三角形的边长			
	平均值 a			
下圆盘	悬线点连线构成等边三角形的边长			
	平均值 b			
上、下圆盘静止时的高度差 h				
圆柱	直径 D_C			
圆环	外径 D_R			
	内径 D_r			

表 2.4.3 三线摆测物体的转动惯量

测量次序	T_{30}/s						
	下圆盘	下圆盘和圆柱	下圆盘和圆环	下圆盘和两个圆柱			
				$R_C=5$ cm	$R_C=10$ cm	$R_C=15$ cm	$R_C=20$ cm
1							
2							
3							
4							
5							
$\overline{T}_{30}$/s							
$\dfrac{\overline{T}_{30}}{30}$/s							

大学物理实验预习报告

实验项目<u>**三线摆测物体的转动惯量**</u>

班别_____学号_____姓名_____

实验进行时间_____年_____月_____日,第_____周,星期_____,_____时至_____时

实验地点_____

实验目的：

实验原理简述：

实验中应注意事项：

实验 2.5　杨氏模量的测定

　　杨氏模量是描述固体材料抵抗形变的能力的物理量,其大小与固体材料的几何尺寸及所受的外力大小无关,只取决于固体材料本身的物理性质.杨氏模量的大小可用来表征材料的刚性,其值越大,表明该材料越不易发生形变.因此,杨氏模量是选定机械零件材料的依据之一,是工程技术设计中常用的参数.它的测定对研究各种材料的力学性质有着重要意义.

　　实验上测量杨氏模量的方法主要分为动态法和静态法.动态法的优点是测量比较准确,缺点是测得的共振频率与杨氏模量之间的关系较复杂,且存在频率牵引产生的系统误差.静态法的优势在于物理概念比较清晰、直观,但准确性较动态法稍差.常用的静态法包含拉伸法、迈克尔孙(Michelson)干涉法、光电法等.每种测量方法都有其自身的特点,但都是围绕如何准确测量微小位移的变化来展开的.

　　静态拉伸法是金属杨氏模量测量中最常见、最简单的一种方法,能够清晰、直观地表达杨氏模量的物理概念,适用于恒定温度下对非脆性材料杨氏模量的测量,但也有不足之处.例如,由于载荷大,加载速度慢,有弛豫过程,不能很真实地反映材料内部结构的变化.本实验运用光杠杆放大法对被拉伸的钢丝的形变进行测量,通过计算公式求出待测材料的杨氏模量.实验数据处理一般有作图法、逐差法、最小二乘法等.由于最小二乘法较为烦琐,本实验主要采用逐差法和作图法进行数据处理.

2.5.1　实验目的

　　(1)掌握静态拉伸法测量杨氏模量的方法.
　　(2)掌握使用光杠杆放大法测量微小伸长量的原理和方法.
　　(3)学会使用逐差法和作图法处理实验数据.

2.5.2　实验仪器

　　杨氏模量测量仪、望远镜标尺架、光杠杆平面镜.其他的实验仪器还有砝码(1 kg,2 kg)、钢卷尺、游标卡尺、螺旋测微器、水平仪等.

2.5.3　实验原理

　　在外力的作用下,固体材料的形状会发生变化,称为形变.形变分为弹性形变和非弹性形变.当形变不超过某一限度时,撤走外力之后形变能够随之消失,这种形变称为弹性形变.当外力较大时,物体的形变与外力不成比例,且当外力停止作用后,物体形变不能完全消失,这种形变称为非弹性形变,也称为范性形变.范性形变的产生,是物体形变产生的内应力超过了物体的弹性限度的缘故.如果再继续增大外力,当物体内产生的内应力超过某一极限时,物体可能发生断裂破坏. 本实验只研究弹性形变, 因此在实验中应该控制外力的大小, 确保外力撤除后物体能恢复原状.

在弹性限度内, 材料的弹力符合胡克 (Hooker) 定律, 即固体材料受力之后, 材料中的应力与应变 (单位变形量) 之间呈线性关系. 本实验研究最简单的形变: 棒状物体 (细钢丝) 受外力后的伸长或缩短.

设细钢丝的原长为 L, 横截面积为 S. 沿长度方向施力 F 后, 其长度改变量为 ΔL, 则细钢丝上各点的应力为 $\dfrac{F}{S}$, 应变为 $\dfrac{\Delta L}{L}$. 根据胡克定律, 在弹性限度内有

$$\frac{F}{S} = E\frac{\Delta L}{L}, \tag{2.5.1}$$

则

$$E = \frac{F/S}{\Delta L/L}, \tag{2.5.2}$$

式中, 比例系数 E 就是杨氏模量, 在国际单位制中 E 的单位为 N/m^2. 杨氏模量反映材料对于拉伸或压缩形变的抵抗能力, 表征材料的刚性. 通常对一定材料而言, E 可以看作一个常数, 它只与材料的性质和温度有关, 而与外力及物体的几何形状无关. 对于一定的材料, 拉伸和压缩的杨氏模量通常相差不多. 实验中所用细钢丝直径为 d, 则 $S = \dfrac{1}{4}\pi d^2$, 将其代入式 (2.5.2), 整理得

$$E = \frac{4FL}{\pi d^2 \Delta L}. \tag{2.5.3}$$

要测定细钢丝的杨氏模量 E, 必须准确测量式 (2.5.3) 中右边各量. 其中 L, d, F 都可用一般方法测得, 唯有 ΔL 是一个微小的变化量, 用一般测量工具难以测准. 为了测准细小钢丝的微小长度变化, 本实验采用光杠杆放大法进行测量. 光杠杆放大法具有稳定性高、易操作、受环境的干扰小等特点. 杨氏模量的测量原理如图 2.5.1 所示, 设图中平面镜的法线和望远镜的光轴在同一直线上, 且望远镜的光轴和标尺平面垂直, 标尺上某一刻度发出的光线经平面镜反射进入望远镜, 可将望远镜中十字叉丝调整到该刻度的像处, 设为 a_0. 若平面镜后足下移 ΔL, 即平面镜绕两前足转过角度 θ 时, 平面镜法线也将转过角度 θ. 根据反射定律, 反射线也转过 θ 角度, 此时望远镜十字叉丝对准标尺上另一刻度的像, 设为 a. 因为 ΔL 很小, 且 $\Delta L \ll b$, θ 也很小, 故有 $\dfrac{\Delta L}{b} = \tan\theta \approx \theta$. 因 $a - a_0 \ll D$, 故有 $\dfrac{a-a_0}{D} = \tan 2\theta \approx 2\theta$. 联立两式, 消去 θ, 有 $\dfrac{a-a_0}{D} = \dfrac{2\Delta L}{b}$. 令 $\Delta a = a - a_0$, 则有

$$\Delta L = \frac{b\Delta a}{2D}, \tag{2.5.4}$$

式中, b 为平面镜后足到两前足连线的垂直距离, 称为光杠杆常数; D 为平面镜镜面到望远镜标尺之间的垂直距离; $\Delta a = a - a_0$, 为加砝码前、后刻度尺在望远镜中的像移动的距离, 可以

通过望远镜中十字叉丝读出. $\dfrac{\Delta a}{\Delta L}=\dfrac{2D}{b}$ 称为光杠杆的"放大率". 将式(2.5.4)代入式(2.5.3),
可得

$$E=\frac{4FL}{\pi d^2 \Delta L}=\frac{8FLD}{\pi d^2 b\Delta a}=\frac{8mgLD}{\pi d^2 b\Delta a},\qquad (2.5.5)$$

式中,m 为砝码的质量,g 为重力加速度.

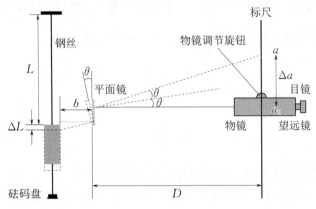

图 2.5.1　杨氏模量的测量原理图

实验时,首先加挂初始砝码把钢丝拉直,并记录望远镜中十字叉丝对准标尺上某一刻度的像 a_0,然后逐次增加 1.0 kg 砝码,分别记录各次十字叉丝对准标尺上某刻度的像 a_1,a_2,…,a_9. 当砝码加到 9.0 kg 时,停留 1 min,再逐次减少 1.0 kg 砝码,分别记录各次十字叉丝对准标尺上某刻度的像 a'_9,a'_8,…,a'_0. 求出所加砝码相等时的各次记录的平均值 $\overline{a_0}$,$\overline{a_1}$,…,$\overline{a_9}$,再运用隔项逐差法 $\Delta\overline{a_i}=\overline{a_{i+5}}-\overline{a_i}$,求得五组差值,最后对这五组差值求和、取平均值,得到 $\Delta\overline{a}$,即

$$\Delta\overline{a}=\frac{1}{5}\sum_{i=0}^{4}(\overline{a_{i+5}}-\overline{a_i}).\qquad (2.5.6)$$

2.5.4　实验内容

1. 了解杨氏模量测量仪

如图 2.5.2(a)所示,在杨氏模量测量仪上、下钢丝夹头 14 和 19 固定钢丝的两端,在下钢丝夹头 19 的下端挂有砝码 21. 调节仪器底部三角座 22 上的底角调整螺钉 23,可以使工作台 18 水平,且使下钢丝夹头 19 刚好悬于工作台 18 上的圆孔中间.

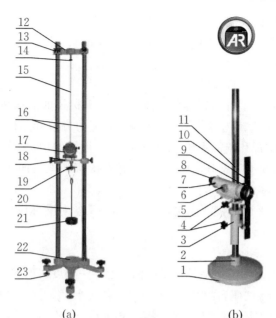

(a)   (b)

1—尺读底座;2—底座顶丝;3—尺架套;4—尺读锁紧手轮;5—尺读俯仰手轮;
6—尺读调焦手轮;7—内调焦望远镜;8—目镜;9—准星;10—标尺;11—尺读立杆;
12—上托板;13—锁紧手轮;14—上钢丝夹头;15—钢丝;16—支架立杆;17—光杠杆;
18—工作台;19—下钢丝夹头;20—砝码钩盘;21—砝码;22—三角座;23—底角调整螺钉.

图 2.5.2   杨氏模量测量仪结构图

光杠杆系统由一块带有三个足(两前一后)的平面镜(见图 2.5.3)和望远镜尺组[见图 2.5.2(b)]组成.三个足的足尖可连成一等腰三角形,后足尖在两前足尖刀口的中垂线上.使用时,平面镜放在杨氏模量测量仪的工作台上[见图 2.5.2(a)],两前足放在平台的槽内,后足放在下钢丝夹头 19 的圆柱上端面上.注意后足不要与金属丝直接接触.望远镜尺组是由一把立着的毫米标尺和标尺旁边的一台望远镜组成的[见图 2.5.2(b)].

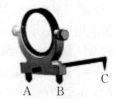

图 2.5.3   光杠杆结构图

2. 调节杨氏模量测量仪

(1)调整杨氏模量测量仪底部三角座 22 上的三个底角调整螺钉 23,使杨氏模量测量仪支架立杆 16 竖直.

(2)调整杨氏模量测量仪支架上的工作台 18,使之水平,且与下钢丝夹头 19 的圆柱上端面在同一水平面上.要求下钢丝夹头 19 能在工作台 18 的圆孔内上下自由移动.

(3)将平面镜放置在工作台 18 上,两前足尖放在工作台的槽内,后足放在下钢丝夹头 19 的圆柱端面上.检查平面镜三个足的平面是否水平,若不水平,则可上下移动下钢丝夹头 19,待平面镜三个足的平面水平后旋紧固定螺钉.

(4)调整平面镜,使平面镜镜面处于竖直平面内.

(5)在钢丝下端托盘上加挂初始砝码(又称本底砝码,该砝码不计入以后所加的砝码之内),使待测钢丝拉直.

3. 调节平面镜、望远镜尺组

（1）粗调．将望远镜尺组放在距平面镜 1.5～2.0 m 处．平面镜竖直放置；调节望远镜大致水平，使望远镜轴心线和标尺平面竖直；标尺的零刻线与望远镜等高为佳；使望远镜和平面镜处于同一高度；反复调节望远镜的左右方位、望远镜与平面镜的角度以及平面镜的俯仰角（保持竖直），以沿望远镜准星方向观察平面镜，能够看到标尺的像和观察者眼睛的像为最佳．

（2）微调．调焦，使望远镜内成像清晰；微调望远镜的方位和角度，直到视野内出现平面镜；微调望远镜的左右位置和俯仰手轮，使平面镜位于视场的中央；逆时针调焦距，出现标尺的像．调节望远镜目镜，使十字叉丝清晰，目标成像在十字叉丝平面上，以望远镜中央十字叉丝的横丝落在标尺像的零刻线上为佳．

（3）消除视差．调节平面镜镜面倾角，使中央十字叉丝对准标尺像的某一刻度，不出现相对偏移（无视差）．

4. 测量

（1）开始时，记录望远镜中十字叉丝对准标尺上某一刻度时的像 a_0．

（2）逐次增加 1.0 kg 砝码，在表 2.5.1 中记录各次十字叉丝对准标尺上某刻度的像 a_1，a_2，…，a_8．当砝码加到 9.0 kg 时，记录 a_9．停留 1 min 后，记录 a_9'．再从 9.0 kg 开始，逐次减少 1.0 kg 砝码，分别在表 2.5.1 中记录各次十字叉丝对准标尺上某刻度的像 a_8'，a_7'，…，a_0'．

（3）仪器调整完毕，用螺旋测微器测量钢丝直径 d．选不同位置测三次，将结果记录在表 2.5.2 中．

（4）用钢卷尺测量钢丝的长度 L（上、下钢丝夹头之间的距离），测量三次．将结果记录在表 2.5.3 中．

（5）测量平面镜后足到两前足连线的垂直距离．对于三足等高的平面镜，可将其放在平整白纸上用力压，压出三个点印．用钢卷尺测量光杠杆后足到两前足连线的垂直距离 b（光杠杆常数），测量三次，将结果记录在表 2.5.4 中．

（6）测量平面镜镜面与标尺间的垂直距离 D，测量一次即可．

（7）在实验测量中，如果出现增加砝码和减少砝码时读数相差较大，或者当砝码按比例增加，而 Δa 不按比例增加等情况时，应认真查找原因，及时消除，重新测量．其原因可能是：

① 细钢丝不直，且初始砝码太轻，没有把细钢丝完全拉直．

② 杨氏模量测量仪的支架立杆不垂直，使下钢丝夹头 19 不能在工作台 18 的圆孔内上下自由滑动，甚至卡住，摩擦阻力太大．

③ 加、减砝码时动作太重，导致平面镜发生移动．

④ 上、下钢丝夹头没有夹紧，在增加砝码时细钢丝打滑．

⑤ 在实验过程中，地板、实验桌振动或者某种原因碰动仪器，使读数发生变化．

⑥ 细钢丝锈蚀、粗细不匀，或所加砝码已超过细钢丝的弹性限度．

⑦ 细钢丝在安装或使用过程中产生扭曲．

2.5.5　数据处理

1. 逐差法

实验中每次在细钢丝下端增加一个砝码（1.0 kg），记录望远镜中的标尺读数 a_i（$i=0,1,$

2,…,9). 停留 1 min 后,记下读数 a'_9,再每次减去一个砝码,依次记录望远镜中标尺的读数 a'_i ($i=8,7,6,\cdots,0$). 取平均值 $\overline{a_i}=\dfrac{1}{2}(a_i+a'_i)$,得到五组平均值. 再用逐差法求 $\Delta \overline{a_i}=\overline{a_{i+5}}-\overline{a_i}$,最后对逐差结果取平均值,即

$$\Delta \overline{a}=\frac{1}{5}\sum_{i=0}^{4}(\overline{a_{i+5}}-\overline{a_i}).$$

这样逐差的结果既反映了测量数据的均匀程度,也减小了测量误差. 如果简单地计算每增加 1 个砝码标尺读数变化的平均值,即

$$\Delta \overline{a}=\frac{1}{9}\big[(a_9-a_8)+(a_8-a_7)+(a_7-a_6)+(a_6-a_5)+(a_5-a_4)$$
$$+(a_4-a_3)+(a_3-a_2)+(a_2-a_1)+(a_1-a_0)\big],$$

结果只有头尾两个数据有用,中间数据都相互抵消. 这样处理数据与一次加 9 个砝码单次测量结果是一样的.

2. 作图法

本实验除采用逐差法外,还可考虑采用作图法来进行数据处理.

将式 $(2.5.5)E=\dfrac{8mgLD}{\pi d^2 b\Delta a}$ 改写成 $\Delta a=\dfrac{8LD}{\pi d^2 bE}F=KF$. 由此作 Δa-F 图形,可得到一条直线. 由图形计算该直线的斜率 K,再由 $K=\dfrac{8LD}{\pi d^2 bE}$ 计算杨氏模量 E.

3. 注意单位的统一

在计算杨氏模量 E 时,应把所有物理量的单位均换算成国际单位. 此时计算出的 E 的单位为 N/m^2.

4. 误差分析

(1) 在本实验中,d 和 Δa 的测量误差对结果影响最大,两者均应进行多次测量.

(2) 从放大倍数考虑,平面镜与标尺间的距离 D 越大越好,但从误差均分原则考虑,D 不需要过大,一般取 $1.5\sim 2.0$ m 为宜. 当用钢卷尺测量时,应尽可能把尺放水平. 只要倾角小于 $5°$,ΔD 就不会超过 1.0 cm.

(3) 平面镜后足到前足连线的垂直距离 b 大约为 7.0 cm,要仔细测量. 对于前足和后足在同一平面的平面镜,可在平整的纸上按下三足的印迹来进行测量,使 Δb 控制在 0.05 cm 以内.

(4) 对应 Δa 的质量变化量是九块砝码的质量. 每块砝码的质量为 1.0 kg,经天平校正其误差 $\Delta m<1$ g. 重力加速度 g 的误差可以和 π 一样处理,即在计算时多取一位有效数字,使 Δg 较其他误差小一个数量级,这样就可能忽略不计. 但应注意,实验过程中砝码常有生锈现象和跌落损伤等情况出现,需要定期校验.

(5) 如果细钢丝太粗,可能导致伸长量过小,从而引起 Δa 测量困难;如果细钢丝过细,可能导致弹性限度过小,容易发生非弹性形变,或者增加直径 d 的相对误差. 一般选用 $0.2\sim 0.7$ mm 的低碳细钢丝为宜. 要求细钢丝粗细均匀,不能有锈蚀. 用螺旋测微器在细钢丝上、中、下三个不同部位相互垂直的方向各测一次直径 d,取平均值. 只要钢丝粗细均匀且测量得当,相对误差应小于 1%.

（6）当砝码数量变化时,望远镜中读数的变化值 Δa 因各人操作技巧的不同而有较大差别,因此要采用多次测量,并用逐差法处理数据.

以上讨论没有涉及如公式的近似、细钢丝非弹性形变等引起的系统误差.

2.5.6　注意事项

（1）在实验过程中,不得碰撞仪器,不要按压放置望远镜的桌面,更不能移动平面镜和望远镜尺组的位置,否则会影响标尺读数的准确性.

（2）加挂砝码时必须轻拿轻放,砝码的开口需相互错开.待系统稳定后才可读数.

（3）待测细钢丝不得弯曲.若加挂初始砝码不能将其拉直,或细钢丝严重锈蚀,则须更换细钢丝.

（4）若目标成像不在十字叉丝平面,则可能导致标尺成像不清晰,应重新调节.

思考题

1. 如果实验时细钢丝有些弯曲,对实验有何影响？ 如何从实验数据中发现这个问题？

2. 引起测量误差的因素有哪些？ 实验中应如何尽量减小误差？

3. 如何根据实验测得的数据计算所用光杠杆系统的放大倍数？

原始数据记录（实验 2.5）

表 2.5.1　光杠杆放大法测量细钢丝的伸长量

砝码质量 m/kg	标尺读数/mm		$\overline{a_i}=\dfrac{1}{2}(a_i+a_i')$	逐差结果	逐差结果取平均 $\overline{\Delta a}=\dfrac{1}{5}\sum\limits_{i=0}^{4}(\overline{a_{i+5}}-\overline{a_i})$
	增加砝码	减少砝码			
0	a_0	a_0'	$\overline{a_0}$	$\Delta\overline{a_0}=\overline{a_5}-\overline{a_0}$	
1	a_1	a_1'	$\overline{a_1}$		
2	a_2	a_2'	$\overline{a_2}$	$\Delta\overline{a_1}=\overline{a_6}-\overline{a_1}$	
3	a_3	a_3'	$\overline{a_3}$		
4	a_4	a_4'	$\overline{a_4}$	$\Delta\overline{a_2}=\overline{a_7}-\overline{a_2}$	
5	a_5	a_5'	$\overline{a_5}$		
6	a_6	a_6'	$\overline{a_6}$	$\Delta\overline{a_3}=\overline{a_8}-\overline{a_3}$	
7	a_7	a_7'	$\overline{a_7}$		
8	a_8	a_8'	$\overline{a_8}$	$\Delta\overline{a_4}=\overline{a_9}-\overline{a_4}$	
9	a_9	a_9'	$\overline{a_9}$		

表 2.5.2　细钢丝直径的测量

细钢丝直径	测量次序		
	1	2	3
零点读数 d_{i0}/mm			
测量读数 d_i/mm			
细钢丝直径 $d=(d_i-d_{i0})/\text{mm}$			
细钢丝直径平均值 $\overline{d}/\text{mm}$			

表 2.5.3　细钢丝长度的测量

细钢丝长度	测量次序		
	1	2	3
测量读数 L_i/mm			
细钢丝长度平均值 $\overline{L}/\text{mm}$			

表 2.5.4　平面镜前、后足距离的测量

平面镜前、后足距离	测量次序		
	1	2	3
测量读数 b_i/mm			
平面镜前、后足距离平均值 $\bar{b}$/mm			

镜尺距离 $D=$ _____.

把由表 2.5.1 至表 2.5.4 求得的数据及 D 值代入杨氏模量计算公式 $E=\dfrac{8mgLD}{\pi d^2 b \Delta a}$，即可求得细钢丝的杨氏模量. 注意所有物理量的单位均应换算成国际单位.

大学物理实验预习报告

实验项目 **杨氏模量的测定**

班别＿＿＿＿＿＿＿＿＿＿＿学号＿＿＿＿＿＿＿＿＿＿＿姓名＿＿＿＿＿＿＿＿＿＿＿

实验进行时间＿＿＿＿年＿＿＿＿月＿＿＿＿日,第＿＿＿＿周,星期＿＿＿＿,＿＿＿＿时至＿＿＿＿时

实验地点＿＿＿＿＿＿＿＿＿＿＿＿

实验目的：

实验原理简述：

实验中应注意事项：

实验 2.6　空气中超声波声速的测定

声波是一种在弹性介质中传播的机械波,它是一种纵波,其振动方向与传播方向一致.按照频率范围可将声波分为次声波、可闻声波和超声波.频率低于 20 Hz 的声波称为次声;频率在 20 Hz~20 kHz 的声波可以被人耳听到,称为可闻声;频率高于 20 kHz 的声波称为超声波.声速是声波在弹性介质中传播的速度,仅与介质的性质有关,与声波的频率无关.超声波具有能量高、方向性好等优点,使用超声波段对部分声学量进行测量比较方便.采用超声波测量介质中的声速,可以获得传播介质的特性及状态的变化.在气体成分分析、液体流速测量等实际应用中,声速的测量都具有重要的意义.

2.6.1　实验目的

(1) 学会用驻波法和行波法测量空气中的声速.
(2) 掌握使用时差法测定介质中的声速.
(3) 了解压电陶瓷换能器的功能,熟悉信号源及双踪示波器的使用.
(4) 掌握用逐差法处理实验数据.

2.6.2　实验仪器

超声实验装置(换能器及移动支架组合)、声速测试仪(信号源频率计与测试仪线盒)、双踪示波器、游标卡尺.

2.6.3　实验原理

由波动理论可知,声波的传播速度 v 与声波频率 f 和波长 λ 的关系为

$$v = f \cdot \lambda.$$

测出声波的频率和波长,就可以求出声速.本实验通过信号源频率计控制换能器,信号源频率计的输出频率就是声波频率.声波的波长可以用驻波法(共振干涉法)或行波法(相位比较法)测量.

1. 压电陶瓷换能器

压电陶瓷换能器能将信号源频率计产生的正弦振荡信号转换成空气中的超声振动.压电陶瓷换能器主要由压电陶瓷环片、轻金属铝(做成喇叭的形状,增加辐射面积)和重金属(如铁)组成.压电陶瓷环片由多晶体结构的压电材料(如钛酸钡)制成.在压电陶瓷环片的两个底面电极加上正弦交变电压,它就会按正弦规律发生纵向伸缩,从而发出超声波.同样,压电陶瓷环片也可以在声压的作用下把声波信号转换为电信号.压电陶瓷换能器在声-电转化过程中信号频率保持不变.

2. 驻波法测量波长

如图 2.6.1 所示,S_1,S_2 是两个结构性能完全相同的压电陶瓷换能器.S_1 用作超声发射,叫作发射换能器(定子);S_2 用作超声接收,叫作接收换能器(动子).当信号发生器输出的正弦电压

接入 S_1 时，S_1 会将此信号转化为超声波信号从其端面发出. 当 S_2 接收到超声波信号后，一部分被接收转化为正弦电信号，接入双踪示波器即可进行观察，一部分向发射器 S_1 方向反射.

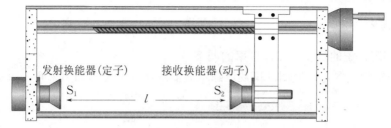

图 2.6.1　压电陶瓷换能器及移动支架

在驻波法实验中，S_1，S_2 的端面是相互平行的，因此在 S_1，S_2 之间的区域内存在着入射波和反射波.

由波的干涉原理可知，两列相向传播的同频率波发生干涉，形成驻波. 驻波中振幅最大的点为波腹，振幅最小的点为波节，任意两个相邻波腹（或波节）之间的距离都等于半个波长. 改变两个换能器间的距离，同时用示波器检测 S_2 输出电压幅度的变化，即可观察到电压幅度随距离周期性变化.

当 S_1 与 S_2 之间的距离 l 满足

$$l=\frac{\lambda}{2}n \quad (n=0,1,2,\cdots) \tag{2.6.1}$$

时，振幅取极大（或极小）值. 记录相邻两次出现最大电压数值时游标卡尺的读数 l. 两读数之差的绝对值等于波长的一半. 信号发射器发出的正弦交变电压的频率与声波频率一致，测出波长即可计算声速. 实际测量中为了提高精度，可连续多次测量，并用逐差法处理数据.

3. 行波法测量波长

将信号发生器的输出信号接入示波器的 Y 通道. S_1 发出的超声波经空气传至 S_2，转换成电信号接入示波器的 X 通道. S_2 接收的信号与 S_1 发射的信号之间存在相位差 φ，φ 与 x 满足下列关系：

$$\varphi=\frac{x}{\lambda}\cdot 2\pi=2\pi n+\Delta\varphi. \tag{2.6.2}$$

有一定相位差且振动方向相互垂直的同频率正弦波发生叠加，合成的轨迹称为李萨如（Lissajous）图形（见图 2.6.2）.

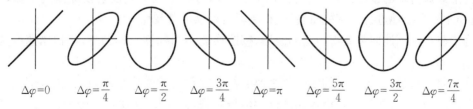

$\Delta\varphi=0$　　$\Delta\varphi=\dfrac{\pi}{4}$　　$\Delta\varphi=\dfrac{\pi}{2}$　　$\Delta\varphi=\dfrac{3\pi}{4}$　　$\Delta\varphi=\pi$　　$\Delta\varphi=\dfrac{5\pi}{4}$　　$\Delta\varphi=\dfrac{3\pi}{2}$　　$\Delta\varphi=\dfrac{7\pi}{4}$

图 2.6.2　相位差不同时的李萨如图形

当 S_1 与 S_2 之间的距离 l 满足

$$l=\lambda n \quad (n=0,1,2,\cdots) \tag{2.6.3}$$

时，即 S_1 和 S_2 的距离等于一个波长的整数倍时，发射与接收信号之间的相位差也正好变化

2π 的整数倍,就会出现相同的李萨如图形,此时测量 S_2 移动的距离,即可求出声波的波长.再根据声波的频率,即可求出声波的传播速度.

2.6.4　实验内容

1. 声速测定系统的连接与工作频率的调节

(1) 超声实验装置与声速测试仪及双踪示波器的连线示意图如图 2.6.3 所示.

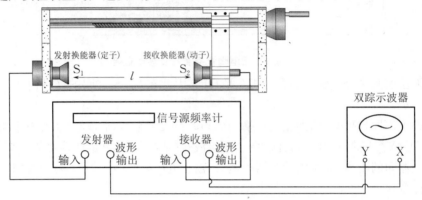

图 2.6.3　连线示意图

① 超声实验装置中的换能器与声速测试仪中的信号源频率计之间的连接:信号源频率计面板上的发射器输入端口,用于输出一定频率的功率信号. 将其连接到超声实验装置中的发射换能器(定子);将信号源频率计面板上的接收器信号输入端口连接到超声实验装置中的接收换能器(动子).

② 双踪示波器与声速测试仪中的信号源频率计之间的连接:信号源频率计面板上的超声发射器波形输出端口,连接至双踪示波器的 CH1(Y 通道),用于观察发射波波形;超声接收器波形输出端口,连接至双踪示波器的 CH2(X 通道),用于观察接收波波形.

(2) 打开声速测试仪电源,显示欢迎界面后自动进入按键说明界面. 按确认键进入工作模式选择界面. 用驻波法和行波法测量声速时,选择驱动信号为连续正弦波工作模式,预热 15 min.

(3) 调节驱动信号频率到压电陶瓷换能器系统的最佳工作点.

为了得到清晰的接收波形,需将外加的驱动信号频率调节到发射换能器的谐振频率点处. 这样才能交换地进行电声能量转换,得到较好的实验效果.

为了在双踪示波器上获得稳定的波形,按照换能器的标称工作频率,将扫描速度选择在 $5\sim20~\mu\mathrm{s/div}$.

在仪器预热后,首先自行约定两超声换能器之间距离的变化范围,在变化范围内选择两换能器之间的距离;然后选定声速测试仪中信号源频率计的输出电压($10\sim15~\mathrm{V_{pp}}$)并调节信号频率($30\sim45~\mathrm{kHz}$). 观察频率调整时接收波形的电压幅度变化,在某一频率点处出现电压幅度最大. 这是稳定信号频率. 改变两换能器之间的距离,观察接收波形的电压幅度变化,记录接收波形电压幅度的最大值和频率值. 再次改变两换能器之间的距离,重复上述操作,测量多次. 在多次测试数据中,选择接收波形电压幅度最大时的信号频率为压电陶瓷换能器系统的最佳频率工作点.

2. 用驻波法测量空气中的超声波声速

如图 2.6.3 所示连接系统,选定最佳频率工作点后,在实验过程中保持频率不变. 按下双踪示波器的 CH2(X 通道)按钮,将发射监测输出信号的输入端设为触发信号端.

信号源选择连续波模式,调节示波器,使示波器屏幕上出现稳定、大小适中的正弦波形.

摇动超声实验装置丝杆摇柄,在 S_1 和 S_2 距离为 5 cm 附近处,找到共振位置(振幅最大)作为第一个测量点,记录游标卡尺上的读数. 摇动摇柄,使 S_2 逐渐远离 S_1,每到共振位置均记录位置读数,在表 2.6.1 中记录 10 组数据.

3. 用行波法测量空气中的超声波声速

连接系统,选定最佳频率工作点后,在实验过程中保持频率不变. 信号源选择连续波模式.

将示波器设定在 X-Y 工作状态. 将信号源频率计的发射输出信号连接到示波器的输入端 X,并设为触发信号. 将接收监测输出信号连接到示波器的输入端 Y. 调节示波器,使示波器屏幕上出现稳定、大小适中的椭圆形.

摇动超声实验装置丝杆摇柄,在 S_1 和 S_2 的距离为 5 cm 附近处,找到 $\Delta\varphi=0$ 的点,记录游标卡尺上的读数. 摇动摇柄,使 S_2 逐渐远离 S_1,每到共振位置均记录位置读数,在表 2.6.2 中记录 10 组数据.

2.6.5　数据处理

(1) 完成表 2.6.1 和表 2.6.2,计算 $\bar{\lambda}=\frac{1}{5}\sum\lambda_i$.

(2) 分别用驻波法和行波法将 v 的测量结果表示为 $v=\bar{v}\pm 2U_v$,并计算相对不确定度.

① 计算 λ 的不确定度.

A 类不确定度:

$$u_A=\sqrt{\frac{\sum(\lambda_i-\bar{\lambda})^2}{n(n-1)}}\quad(t_P\ \text{取}\ 1).$$

B 类不确定度:取游标卡尺的最小分度为其误差限,有

$$u_B=\frac{\Delta_{仪}}{\sqrt{3}}=\frac{0.02\ \text{mm}}{\sqrt{3}}=0.012\ \text{mm}.$$

λ 的合成不确定度:

$$U_{\bar{\lambda}}=\sqrt{u_A^2+u_B^2}.$$

结果表示为

$$\lambda=\bar{\lambda}\pm U_{\bar{\lambda}}.$$

② 计算 f 的不确定度:

$$U_f=\frac{\Delta_{仪}}{\sqrt{3}}=0.577\ \text{Hz}.$$

③ 计算 v 的不确定度及结果表示:

$$U_v=\sqrt{(fU_{\bar{\lambda}})^2+(\lambda U_f)^2},\quad \bar{v}=f\cdot\bar{\lambda},\quad v=\bar{v}\pm 2U_v.$$

④ v 的相对不确定度:

$$U_r = \frac{U_v}{\bar{v}} \times 100\%.$$

（3）当温度为 t 时，空气中声速的理论值为

$$v_t = v_0 \sqrt{1 + \frac{t}{273.15}}.$$

计算实验测量值和理论值的相对误差：

$$E = \frac{|\bar{v} - v_t|}{v_t} \times 100\%.$$

2.6.6　注意事项

（1）调节游标卡尺时，应保持同一方向摇动摇柄，以减少误差.

（2）使用声速测试仪时，应避免信号源频率计输出端短路.

思考题

1. 在声速测量中，驻波法和行波法有何异同？

2. 两列波在空间相遇时产生驻波的条件是什么？如果发射面和接收面不平行，结果会如何？

3. 用驻波法测间距时，为何只测电压值最大的位置，该位置对应的是波节还是波腹？

4. 行波法为什么选直线图形作为测量基准？李萨如图形从斜率为正的直线变到斜率为负的直线，相位变化了多少？

5. 在行波法中，调节示波器上的哪些旋钮可以改变直线的斜率，哪些旋钮可以改变李萨如图形的形状？

6. 试用最小二乘法求声速：

利用表 2.6.1 中的前两列作 l-n 关系图，并进行最小二乘法线性拟合，所得直线的斜率等于半波长.

利用表 2.6.2 中的前两列作 l-n 关系图，并进行最小二乘法线性拟合，所得直线的斜率等于波长.

原始数据记录（实验 2.6）

表 2.6.1　驻波法测波速

序号 n	$f_n=$ _____ Hz 游标卡尺读数 x_n/cm	室温 $t=$ _____ ℃ $l_n=(x_{n+5}-x_n)$/cm	$\lambda_i=\dfrac{2}{5}l_n$
0			
1			
2			
3			
4			
5			
6			
7		$l=\dfrac{\lambda}{2}n\quad(n=0,1,2,\cdots)$	
8			
9			

表 2.6.2　行波法测波速

序号 n	$f_n=$ _____ Hz 游标卡尺读数 x_n/cm	室温 $t=$ _____ ℃ $l_n=(x_{n+5}-x_n)$/cm	$\lambda_i=\dfrac{1}{5}l_n$
0			
1			
2			
3			
4			
5			
6			
7		$l=\lambda n\quad(n=0,1,2,\cdots)$	
8			
9			

大学物理实验预习报告

实验项目 **空气中超声波声速的测定**

班别_____学号_____姓名_____

实验进行时间_____年_____月_____日,第_____周,星期_____,_____时至_____时

实验地点_____

实验目的：

实验原理简述：

实验中应注意事项：

实验 2.7　变温黏滞系数的测定

　　液体的黏滞系数又称为内摩擦系数或黏度,是描述液体内摩擦力性质的一个重要物理量.它表征液体反抗形变的能力,只有在液体内部存在相对运动时才表现出来.黏滞系数除与材料特性有关之外,还取决于温度.液体的黏滞系数随着温度升高而减小,气体则反之,黏滞系数大体上按正比于温度的规律增长.黏滞系数作为液体的一种重要性质,反映了液体流动行为的特征.液体黏滞系数的测量,在石油的开采和输运、油脂涂料、医学、水利工程、材料科学、机械工业和国防建设等科学研究和生产技术方面有着重要的意义和广泛的应用.因此,测定液体在不同温度的黏滞系数具有重要的实际意义.

　　在黏滞系数的研究过程中,纳维(Navier)、哈根(Hagen)、泊肃叶(Poiseuille)、斯托克斯(Stokes)等人做出了突出的贡献.斯托克斯研究了液体流动的有关问题,建立了著名的斯托克斯方程组,比较系统地反映了流体在运动过程中质量、动量、能量之间的关系:一个在液体中运动的物体所受力的大小与物体的几何形状、速度以及液体的内摩擦力有关.

　　在流动的液体中,液体质点之间存在着相对运动,各流体层的流速不同.在相互接触的两个流体层之间的接触面上,形成一对阻碍流体层相对运动的等值反向的摩擦力,流速较慢的流体层给流速较快的流体层一个使之减速的力,而该力的反作用力又给流速较慢的流体层一个使之加速的力.这一对摩擦力称为内摩擦力或黏滞阻力.流体的这种性质称为黏滞性.从实验中可得黏滞定律:黏滞力的大小 f 与所取流体层的面积 ΔS 和流体层之间的速度空间变化率 $\dfrac{\mathrm{d}u}{\mathrm{d}r}$ 的乘积成正比,即

$$f = \eta \Delta S \frac{\mathrm{d}u}{\mathrm{d}r},$$

式中,比例系数 η 称为黏滞系数.不同的液体具有不同的黏滞系数,同一种液体,在不同的温度下,其黏滞系数的变化也很大.以蓖麻油为例,在室温附近,温度每改变 1 ℃,黏滞系数的改变量约 10%.η 的单位是帕[斯卡]秒(Pa·s).

　　液体黏滞系数的测量方法较多,常用的方法有落球法、转筒法、毛细管法、落针法等,其中落球法是大学物理实验经常采用的一种测量方法.该方法可以测量黏滞系数较大的透明液体或者半透明液体,如甘油、蓖麻油、变压器油等.而对于类似于水、酒精(乙醇)等黏滞系数较小的液体,则一般采用毛细管法.毛细管法是指通过测定一定时间内流过毛细管的液体的体积来确定液体的黏滞系数.本实验采用落球法测量不同温度下甘油的黏滞系数,其物理现象明显,物理概念清晰,综合了多方面的物理知识,实验操作和训练内容也比较多,是一个不错的综合性实验项目.

2.7.1　实验目的

　　(1) 了解并掌握斯托克斯定律,理解液体的黏滞阻力.

　　(2) 运用牛顿运动定律,能够对小钢球的运动进行受力分析,且会计算收尾速度(加速度

为零时的速度).

(3) 了解 PID 温控仪的原理,设定最佳控制参数.学会使用黏滞系数测定仪和 PID 温控仪,能进行温度的调节与控制.

(4) 观察液体的内摩擦现象,学会用落球法测液体的黏滞系数.

(5) 研究不同温度下甘油的黏滞系数的变化规律.

2.7.2　实验仪器

黏滞系数测定仪、开放式 PID 温控仪、读数显微镜、甘油、水和小钢球.

2.7.3　实验原理

1. 液体的黏滞系数

若液体是无限广延的,且其黏滞系数又较大,小钢球的质量均匀且半径很小,小钢球下落的速度 v 不大,小钢球下落产生的湍流可忽略不计,则小钢球所受的内摩擦力的大小

$$f=3\pi\eta dv, \tag{2.7.1}$$

式中,η 为液体的黏滞系数,d 为小钢球的直径,v 为小钢球下落的速度.

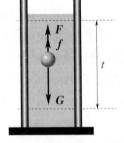

图 2.7.1　受力分析图

本实验采用有限边界的液体,即盛放在量筒中的甘油作为待测液体.

小钢球在液体中下落时,受到三个力的作用:重力 G、浮力 F 和黏滞阻力 f,如图 2.7.1 所示.其中,F 和 f 沿竖直方向向上,G 沿竖直方向向下,G 的大小不变.当小钢球完全浸入液体后,F 的大小也不变,而 f 的大小则随小钢球速度的增加而增加.小钢球从静止开始下落,先做加速运动.当下落速度达到一定值时,小钢球所受的三个力平衡,开始匀速下落,此时

$$G-F-f=0,$$

式中,$G=\frac{1}{6}\pi d^3\rho_0 g$,小钢球的密度 $\rho_0=7.80\times10^3$ kg/m³;$F=\frac{1}{6}\pi d^3\rho g$,甘油的密度 $\rho=1.263\times10^3\sim1.303\times10^3$ kg/m³,实验室提供的纯甘油密度为 $\rho=1.263\times10^3$ kg/m³,g 为当地的重力加速度.于是,液体的黏滞系数表示为

$$\eta=\frac{(\rho_0-\rho)gd^2}{18v_0}, \tag{2.7.2}$$

式中,v_0 的测量可采用公式 $v_0=\frac{l}{t}$ 求得,l 可在量筒外壁上直接读取,t 采用秒表测量.

式(2.7.2)忽略了甘油的上表面和圆筒的影响,在假定小钢球沿量筒中心轴线竖直下落时,该式近似成立.实验过程中小钢球在量筒中下落,量筒的深度和直径均有限,不能完全符合斯托克斯定律的"无限广延"的假设,另外还须考虑到湍流的影响,因此须对式(2.7.2)进行修正.

可以证明,修正后的液体的黏滞系数的公式为

$$\eta=\frac{(\rho_0-\rho)gd^2}{18v_0\left(1+2.4\dfrac{d}{D}\right)}, \tag{2.7.3}$$

式中，D 为量筒的内直径.

根据式 (2.7.3)，测定小钢球的直径 d、量筒的内直径 D 和小钢球匀速运动时的速度 v_0，即可求得甘油的黏滞系数.

2. 小钢球达到收尾速度之前所经路程 L 的推导

由牛顿运动定律及黏滞阻力的表达式，可列出小钢球在达到收尾速度之前的运动方程：

$$\frac{1}{6}\pi d^3 \rho_0 \frac{\mathrm{d}v}{\mathrm{d}t} = \frac{1}{6}\pi d^3 (\rho_0 - \rho)g - 3\pi\eta dv. \tag{2.7.4}$$

经整理后得

$$\frac{\mathrm{d}v}{\mathrm{d}t} + \frac{18\eta v}{d^2 \rho_0} = \left(1 - \frac{\rho}{\rho_0}\right)g. \tag{2.7.5}$$

这是一阶线性微分方程，其通解为

$$v = \left(1 - \frac{\rho}{\rho_0}\right)g \frac{d^2 \rho_0}{18\eta} + C\mathrm{e}^{-\frac{18\eta}{d^2 \rho_0}t}. \tag{2.7.6}$$

设小钢球以零初速放入液体中，代入初始条件 $t=0$，$v=0$，确定常数 C 并整理，得

$$v = \frac{d^2 \rho_0}{18\eta}(\rho_0 - \rho)(1 - \mathrm{e}^{-\frac{18\eta}{d^2 \rho_0}t}).$$

随着时间 t 增大，负指数项 $\mathrm{e}^{-\frac{18\eta}{d^2 \rho_0}t}$ 迅速趋近于 0，因此收尾速度为

$$v_0 = \frac{d^2 \rho_0}{18\eta}(\rho_0 - \rho). \tag{2.7.7}$$

可见，收尾速度与液体的黏滞系数成反比.

设速度从 0 到收尾速度这段时间的 99.9% 为平衡时间 t_0，即令

$$\mathrm{e}^{-\frac{18\eta}{d^2 \rho_0}t} = 0.001. \tag{2.7.8}$$

由式 (2.7.8) 可计算平衡时间. 若小钢球直径为 10^{-3} m，代入钢球的密度 ρ_0，甘油的密度 ρ 及 30 ℃ 时甘油的黏滞系数 $\eta = 0.524$ Pa・s，可得此时的收尾速度 $v_0 \approx 0.054$ m/s，平衡时间 $t_0 \approx 0.013$ s. 平衡距离 L 等于收尾速度与平衡时间的乘积，即 $L = v_0 t_0 = 0.054$ m/s $\times 0.013$ s ≈ 0.70 mm. 在现有实验条件下，小钢球下落距离超过 1 mm，即可认为小钢球基本达到了平衡速度.

2.7.4　实验内容

1. 熟悉仪器

参照仪器使用说明书有关内容，熟悉黏滞系数测定仪、开放式 PID 温控仪的使用，熟练掌握读数显微镜和数字秒表的使用方法，了解相关注意事项.

1）黏滞系数测定仪

黏滞系数测定仪的外形如图 2.7.2 所示. 待测液体装在细长的样品管中，能使液体温度较快地与加热水温达到热平衡状态. 样品管壁上有刻度线，便于测量小钢球下落的距离. 样品管外的加热水套连接到温控仪，通过热循环水加热样品. 底座下有调节螺钉，用于调节样品管，使之竖直.

2）开放式 PID 温控仪

开放式 PID 温控仪包括加热器、水箱、水泵、控制及显示电路等部分.

开放式 PID 温控仪内置微处理器,带有液晶显示屏,具有操作菜单化、能根据实验对象选择参数以达到最佳控制、能显示温控过程的温度变化曲线和功率变化曲线及温度和功率的实时值、能存储温度及功率变化曲线、控制精度高等特点. 该仪器面板如图 2.7.3 所示.

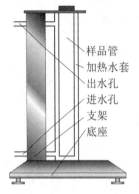

图 2.7.2 黏滞系数测定仪

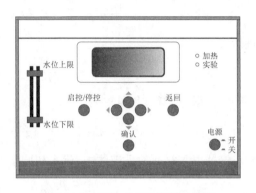

图 2.7.3 开放式 PID 温控仪面板

开机后,水泵即开始运转. 显示屏显示操作菜单,在菜单中可进行工作方式选择. 输入序号及室温,设定所需温度及参数. 使用◀▶键选择项目,▲▼键设置参数. 按确认键进入下一屏,按返回键返回上一屏.

进入测量界面后,显示屏上方的数据栏从左至右依次显示序号、设定温度、初始温度、当前温度、当前功率、调节时间等参数. 显示屏上的图形区以时间为横坐标,温度(以及功率)为纵坐标,并可用▲▼键改变温度坐标值. 温控仪每隔 15 s 采集一次温度及加热功率值,并将采得的数据标示在图上. 温度达到设定值并保持该温度在 2 min 内的波动小于 0.1 ℃,温控仪则自动判定达到热平衡,并在图形区右边显示过渡时间 t、动态偏差 σ、静态偏差 e.

一次实验完成退出时,温控仪自动将屏幕按设定的序号存储图形(共可存储 10 幅),以供必要时查看、分析和比较.

2. 实验初期准备

(1) 开启开放式 PID 温控仪,进入操作界面,设定测量温度,启动加热炉进行升温. 注意,温度设定先从较低的温度开始,在较低的温度测量完毕后再设定较高的温度.

(2) 了解甘油的黏滞系数值 η 与温度 T 之间的关系(见表 2.7.1),利用表中的数据,结合式(2.7.3)来估算小钢球下落一定距离所用的时间. 这样在测量时可以用于分析测量时间的准确性,同时,还可以利用表 2.7.1 的数据来分析测量结果的准确性.

表 2.7.1 甘油的黏滞系数值 η 与温度 T 之间的关系

温度/℃	$\eta/(\text{Pa}\cdot\text{s})$	温度/℃	$\eta/(\text{Pa}\cdot\text{s})$	温度/℃	$\eta/(\text{Pa}\cdot\text{s})$	温度/℃	$\eta/(\text{Pa}\cdot\text{s})$
20	1.412	30	0.524	40	0.284	50	0.142
60	0.081	70	0.051	80	0.031	90	0.021

(3) 选择合适的小钢球并进行编号,利用读数显微镜分别测量小钢球的直径 d,将数据记入表 2.7.2.

（4）在样品管外壁上设定小钢球下落的起点和终点两条标志线，三次测量上、下两条标志线之间的距离（小钢球匀速下落的距离），将数据记入表 2.7.3.

3. 进行测量并记录数据

（1）用镊子夹住小钢球，使小钢球在量筒液面处中央下落. 测量小钢球匀速下落的时间，即在量筒外壁上、下两条标志线之间的下落时间，将数据记入表 2.7.4.

（2）一般考虑环境温度，建议从 30 ℃开始测量，后续每隔 5 ℃改变一次温度，重复前面的操作，将数据记入表 2.7.4.

4. 计算实验结果并绘制曲线

（1）计算各小钢球匀速下落的速度 v_0.

（2）计算各温度下甘油的黏滞系数 η.

（3）在坐标纸上绘制甘油的黏滞系数随温度变化的曲线，即 $\eta - T$ 曲线.

2.7.5　数据处理

（1）小钢球直径 d 以及温度 T 时小钢球下落距离 l 所用的时间 t 的数据处理可参阅实验 2.1 的方法.

d 的测量结果为 $d = \overline{d} \pm 2U_d$.

t 的测量结果为 $t = \overline{t} \pm 2U_t$.

（2）温度 T 时黏滞系数 η 的不确定度计算：

黏滞系数可用 $\overline{\eta} = \dfrac{(\rho_0 - \rho)g\overline{d}^2}{18\dfrac{l}{\overline{t}}\left(1 + 2.4\dfrac{\overline{d}}{D}\right)}$ 求得.

温度 T 时黏滞系数 η 的合成不确定度为

$$U_\eta = \overline{\eta}\sqrt{\frac{(U_t)^2}{t^2} + \frac{2(U_d)^2}{d^2}}.$$

（3）当液体温度为 T 时，黏滞系数的完整表示式为

$$\eta_{测量值} = \overline{\eta} \pm 2U_\eta.$$

相对不确定度为

$$U_r = \frac{U_\eta}{\overline{\eta}} \times 100\%.$$

2.7.6　注意事项

（1）实验前应先将黏滞系数测定仪的样品管调整竖直，保证小钢球沿样品管的轴线下落.

（2）小钢球下落时要保持液体处于静止状态，不能连续施放小钢球.

（3）因为甘油的黏滞系数随温度的变化较大，所以在实验过程中不要用手触摸黏滞系数测定仪，特别是样品管，以免引起温度变化.

（4）样品管外壁的起点标志线应距液体表面有足够的距离，以确保计时开始时小钢球已达到匀速.

（5）在观察小钢球通过样品管外壁的起点和终点标志线时，视线要水平，避免视差.

（6）施放小钢球时要从液体表面中央处开始，不能从高处或偏离样品管的中轴线施放.

（7）甘油应静置于黏滞系数测定仪中. 实验时要保持甘油静止，避免扰动.

(8) 实验时,甘油中应无气泡;小钢球要圆而清洁,实验前应保持干燥、无油污.

思考题

1. 实验中如何满足液体无限广延条件?

2. 落球法测量液体黏滞系数的基本原理和适用范围各是什么?

3. 观察小钢球通过样品管外壁的标志线时,如何避免视差?

4. 小钢球下落时如果偏离中心较大或样品管不竖直,对实验有无影响?

5. 讨论下落小钢球的个数和测量次数对测量结果的影响.

6. 分析实验过程中哪些因素会影响测量结果.如何在实验操作中避免这些影响?

原始数据记录（实验 2.7）

表 2.7.2　不同温度下各小钢球直径 d 的测量

实验温度/℃	d/mm					平均值
	$1^{\#}$ 球	$2^{\#}$ 球	$3^{\#}$ 球	$4^{\#}$ 球	$5^{\#}$ 球	
30						
35						
40						
45						
50						

表 2.7.3　样品管外壁上、下标志线间的距离测量

l/mm	第 1 次	第 2 次	第 3 次	平均值

表 2.7.4　小钢球下落时间及 η 的测量

$l=$ _____ m,$D=$ _____ m,$\rho=1.263\times10^{3}\sim1.303\times10^{3}$ kg/m^{3},$\rho_{0}=7.80\times10^{3}$ kg/m^{3}

实验温度/℃	小钢球下落时间/s						速度/ (m/s)	η 的测量值/ (Pa·s)	η 的标准值/ (Pa·s)
	$1^{\#}$ 球	$2^{\#}$ 球	$3^{\#}$ 球	$4^{\#}$ 球	$5^{\#}$ 球	平均值			
30									
35									
40									
45									
50									

大学物理实验预习报告

实验项目**变温黏滞系数的测定**

班别＿＿＿＿＿＿＿＿＿＿＿＿学号＿＿＿＿＿＿＿＿＿＿＿姓名＿＿＿＿＿＿＿＿＿＿＿＿

实验进行时间＿＿＿＿年＿＿＿＿月＿＿＿＿日,第＿＿＿＿周,星期＿＿＿＿,＿＿＿＿时至＿＿＿＿时

实验地点＿＿＿＿＿＿＿＿＿＿＿＿＿

实验目的:

实验原理简述:

实验中应注意事项:

实验 2.8 稳态法测量固体的导热系数

导热系数是反映材料热传导能力的重要物理量. 材料的导热机制是工程热物理、材料科学及固体物理等领域的重要课题之一, 而对材料导热机制的研究离不开对材料导热系数的测量. 当材料的不同部位存在温度梯度时, 热量将通过材料内部分子的热运动从高温部位向低温部位传递, 导热系数决定其传热速度的快慢. 一般来说, 金属的导热系数比非金属的要大, 固体的导热系数比液体的要大, 气体的导热系数最小. 材料的导热系数不仅与材料的组成成分和微观结构有关, 还与所处环境的温度、压力等有关. 一般而言, 在科学实验和工程设计中, 大部分材料的导热系数都需要使用实验的方法进行测定.

材料的导热系数的测量方法较多, 有稳态法、热流计法、激光闪射法、瞬态热线法等. 本实验采用稳态法. 稳态法适合测量橡胶(热的不良导体)、金属(热的良导体)等材料的导热系数.

2.8.1 实验目的

(1) 掌握热传导的基本规律及稳态法测量固体导热系数的实验原理.
(2) 了解热电偶测温仪的工作原理, 学会使用热电偶测温仪测量物体的温度.
(3) 学会用作图法求冷却速率.
(4) 掌握稳态法测量固体导热系数的实验方法.

2.8.2 实验仪器

导热系数测定仪、热电偶测温仪、杜瓦瓶、橡胶、游标卡尺、电子秤、冰水混合物.

2.8.3 实验原理

1. 傅里叶热传导定律

当一个物体内部存在温度梯度时, 热量将从高温区域向低温区域传导. 如图 2.8.1 所示, 在垂直于热传导方向上取两个相互平行、距离为 dh, 温度分别为 T 和 $T+dT$ 的平面, 则两个平面间的温度梯度为 $\dfrac{dT}{dh}$. 假设平面面积均为 S, 在一段时间间隔 dt 内通过面积 S 的热量为 dQ, 则单位时间内的热传导速率为 $\dfrac{dQ}{dt}$. 1882 年, 物理学家傅里叶(Fourier)提出了热传导定律: 热传导速率与温度梯度、传热面积成正比, 即

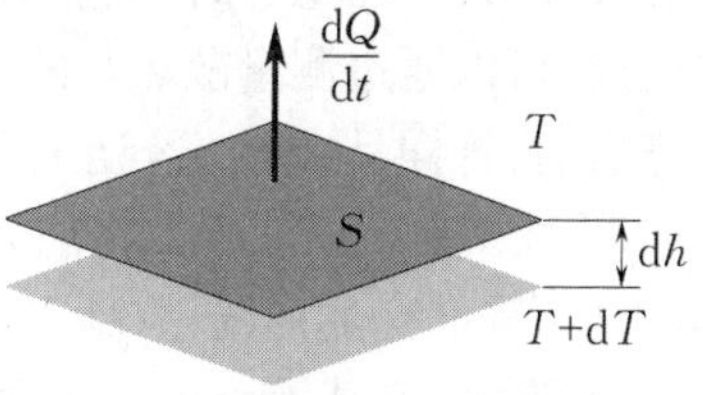

图 2.8.1 热传导示意图

$$\frac{dQ}{dt} = -\lambda S \frac{dT}{dh}, \tag{2.8.1}$$

式中, λ 为材料的导热系数, 表征材料的传热性能. 其数值等于相隔单位长度、温度相差单位温度的两个平面, 在单位时间内传递的热量大小; 负号表示热量是从高温往低温方向传播的.

导热系数的单位为 J/(m·s·K)或 W/(m·K).

2. 平板稳态法测量导热速率和导热系数

稳态法测量样品的导热系数的原理是将样品的一个表面加热,让另一表面散热,使得热量从高温区域往低温区域传导.经过一定时间后,样品内部将形成稳定的温度分布.这一温度分布与样品材料的传热能力有关.根据温度分布就可以间接计算出导热系数.

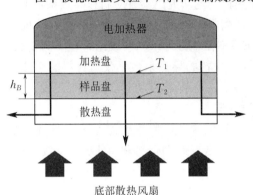

在平板稳态法实验中,将样品制成规则的平板圆面,夹在两个尺寸相同的铜圆盘中间,其中一个铜圆盘为加热盘,其上方有加热设备,通过热传导加热样品;另一个铜圆盘为散热盘,其下方有散热风扇,通过热传导带走样品中的热量.其结构如图 2.8.2 所示.经过一定时间后,样品的内部将形成稳定的温度梯度.由于样品的侧面比与铜圆盘的接触面小得多,可以近似认为样品只有在垂直于传热方向上(垂直于接触面的方向上)存在稳定的温度梯度.在同一个平面上,温度处处相同.

图 2.8.2　导热系数测量示意图

在稳态时,假设样品厚度为 h_B,样品上、下表面的温度分别为 T_1,T_2($T_1 > T_2$),则样品的温度梯度为

$$\frac{\mathrm{d}T}{\mathrm{d}h} = \frac{T_1 - T_2}{h_B}. \tag{2.8.2}$$

假设样品的直径为 d_B,则传热面积 $S = \dfrac{\pi d_B^2}{4}$.将式(2.8.2)代入式(2.8.1),可得稳态时样品的导热速率为

$$\frac{\mathrm{d}Q}{\mathrm{d}t} = -\lambda \frac{T_1 - T_2}{4h_B} \pi d_B^2. \tag{2.8.3}$$

由式(2.8.3)可知,为了求得导热系数 λ,需要获得稳态时的导热速率$\dfrac{\mathrm{d}Q}{\mathrm{d}t}$.然而这个量无法直接求得.在稳态时,加热盘的加热速率、样品的导热速率和散热盘的散热速率应当相等.因此,可以通过测量散热盘的散热速率来求得样品稳态时的导热速率.方法如下:当样品达到稳态后,将样品盘抽出,让散热盘与加热盘直接接触,当散热盘温度比 T_2 高出一定温度(10 ℃或 10 ℃以上)时,将加热盘移开,让散热盘在风扇作用下自然冷却,记录散热盘温度随时间下降的变化曲线 $T(t)$.在稳态时,散热盘上表面温度和样品盘下表面温度都为 T_2.根据比热容的定义式 $Q = -mcT$,两边对时间同时求导数,可知散热盘在温度为 T_2 时的散热速率

$$\frac{\mathrm{d}Q}{\mathrm{d}t}\bigg|_{T=T_2} = -mc \frac{\mathrm{d}T}{\mathrm{d}t}\bigg|_{T=T_2} = -mck,$$

式中,$k = \dfrac{\mathrm{d}T}{\mathrm{d}t}\bigg|_{T=T_2}$ 为散热盘在温度为 T_2 时的冷却速率,也是 $T(t)$ 在温度为 T_2 时的斜率(见图 2.8.3);负号表示热量是由高温区域向低温区域传递的.

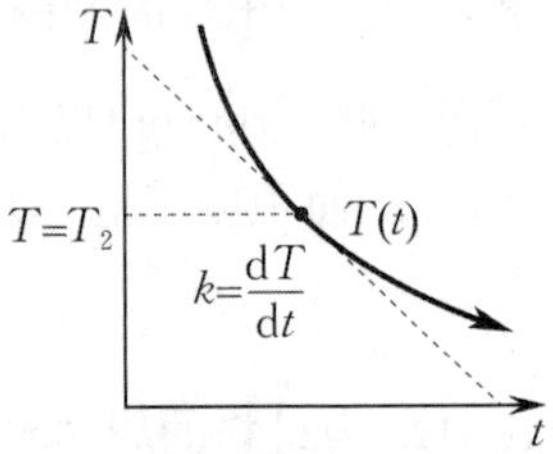

图 2.8.3　冷却速率示意图

值得注意的是,上式所求得的是散热盘完全暴露在空气中时的散热速率,其散热面积为上、下圆面面积和侧面面积之和. 假设散热盘的直径为 d_D,厚度为 h_D,则其表面积为

$$S = 2\pi d_D^2 + 2\pi d_D h_D.$$

而在样品稳态传热过程中,散热盘的上表面是被样品盘覆盖的. 因此散热盘的散热面积应当为

$$S' = \pi d_D^2 + 2\pi d_D h_D.$$

由于物体的散热速率和散热表面积成正比,因此散热速率应当修正为

$$\left.\frac{dQ}{dt}\right|_{T=T_2} = -mck\frac{\pi d_D^2 + 2\pi d_D h_D}{2\pi d_D^2 + 2\pi d_D h_D}.$$

将上式代入式(2.8.3),可得

$$\lambda\frac{T_1 - T_2}{4h_B}\pi d_B^2 = mck\frac{\pi d_D^2 + 2\pi d_D h_D}{2\pi d_D^2 + 2\pi d_D h_D}.$$

整理可得导热系数为

$$\lambda = \frac{4h_B kmc}{T_1 - T_2}\frac{d_D^2 + 2d_D h_D}{2d_D^2 + 2d_D h_D}\frac{1}{\pi d_B^2}. \tag{2.8.4}$$

3. 热电偶工作原理

在本实验中,上、下铜圆盘的温度用热电偶测温仪进行测量. 热电偶测温仪具有结构简单、灵敏度和准确度高、测温范围广并且可以进行实时动态监测和记录等优点,因此被广泛用于生产和科学研究的测温和温度的自动控制中. 热电偶由两种不同的金属导体接合成闭合回路构成,如图 2.8.4 所示. 两金属导体回路的一端为温度探头,置于待测温度 t 中,另一端放置于标准温度为 t_0 的环境中(如冰水混合物,$t_0 = 0 \, ℃$). 若两端的温度不同,则在回路中

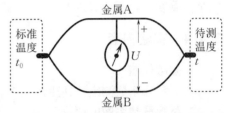

图 2.8.4 热电偶测温仪原理

将产生电动势 U,称为温差电动势. 若两端温度相同,则 $U = 0 \, \text{V}$. 两种导体的材料固定以后,电动势由两导体的温度差确定. 由于温差电动势与温差有对应的关系,因此通过测量电动势 U 就可以确定待测温度 t.

本实验所用的热电偶为铜-康铜热电偶,其温差电动势 U 与温度 t 之间的关系见表 2.8.1.

表 2.8.1 铜-康铜热电偶的温差电动势与温度的关系

温度(十位)/℃	温差电动势/mV 温度(个位)/℃									
	0	1	2	3	4	5	6	7	8	9
−10	−0.383	−0.421	−0.458	−0.496	−0.534	−0.571	−0.608	−0.646	−0.683	−0.720
−0	0.000	−0.039	−0.077	−0.116	−0.154	−0.193	−0.231	−0.269	−0.307	−0.345
0	0.000	0.039	0.078	0.117	0.156	0.195	0.234	0.276	0.273	0.351
10	0.391	0.430	0.470	0.510	0.549	0.589	0.629	0.669	0.709	0.749
20	0.789	0.830	0.870	0.911	0.951	0.992	1.032	1.073	1.114	1.155

温度（十位）/℃	温差电动势/mV									
	温度（个位）/℃									
	0	1	2	3	4	5	6	7	8	9
30	1.196	1.237	1.279	1.320	1.361	1.403	1.444	1.486	1.528	1.569
40	1.611	1.653	1.695	1.738	1.780	1.882	1.865	1.907	1.950	1.992
50	2.035	2.078	2.121	2.164	2.207	2.250	2.294	2.337	2.380	2.424
60	2.467	2.511	2.555	2.599	2.643	2.687	2.731	2.775	2.819	2.864
70	2.908	2.953	2.997	3.042	3.087	3.0131	3.176	3.221	3.266	3.312
80	3.357	3.402	3.447	3.493	3.538	3.584	3.630	3.676	3.721	3.767
90	3.813	3.859	3.906	3.952	3.998	4.044	4.091	4.137	4.184	4.231
100	4.277	4.324	4.371	4.418	4.465	4.512	4.559	4.607	4.654	4.701
110	4.749	4.796	4.844	4.891	4.939	4.987	5.035	5.083	5.131	5.179

热电偶测温仪的读数方法如下：例如，在某一时刻，热电偶测得温差电动势 $U=2.643\,\mathrm{mV}$，则可在表 2.8.1 中先找到这一数值，再看它对应的十位温度（60），最后看它对应的个位温度（4）．所以温差电动势 $U=2.643\,\mathrm{mV}$ 所相对应的温度为 64 ℃．

2.8.4　实验内容

1. 熟悉仪器

参照导热系数测定仪使用说明书有关内容，熟悉电路的连接及热电偶的使用．

2. 材料导热系数的测定

1）测几何参数及质量

用游标卡尺测量散热盘的直径 d_D、厚度 h_D 和样品盘的直径 d_B、厚度 h_B 各五次，要求在样品盘的不同位置或角度进行测量，然后取平均值．散热盘的质量 m 由电子秤称出，其比热容 $c=3.805\times10^2\,\mathrm{J/(kg\cdot ℃)}$．将以上数据填入原始数据记录表 2.8.2 中．

2）连接设备

如图 2.8.5 所示，布置安装样品盘、加热盘和散热盘．热电偶测温仪的一端放在 0 ℃ 的杜瓦瓶中，另一端放在加热盘中，它们通过图 2.8.5 的导线连接起来．将样品盘夹在加热盘和散热盘之间，旋转两个铜盘的角度，使得铜盘上放置热电偶测温仪的洞孔与杜瓦瓶同侧．调节支撑散热盘附近的三颗调节螺钉，使得两个铜盘和样品之间接触良好．注意不要过紧或过松．

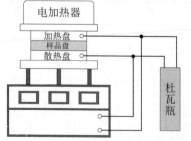

图 2.8.5　仪器布置和导线连接图

将热电偶测温仪插入上、下两铜盘的小孔中，在插入时要抹些散热硅脂，并插到洞孔底部，使热电偶测温仪的测温端（有红色标志的一端）与铜盘接触良好；使热电偶测温仪的冷端（有绿色标志的一端）插在冰水混合物中（或直接接低温实验仪提供的冷端，并使温度控制在 0 ℃）．将加热盘热电偶测温仪的信号线插入导热系数测量仪的信号输入端Ⅰ，散热盘热电偶测温仪的信号线插入信号输入端 Ⅱ.

3）获得稳态

打开导热系数测定仪电源开关,将温度设定在 80 ℃ 或 100 ℃,开关切换到自动控制,加热约 20～40 min,注意观察热电偶测温仪的电压值.通过切换信号选择开关,分别观察上、下铜盘的电压值,并通过表 2.8.1 查找对应的温度值.若在一段时间内(如 5～10 min)两热电偶的电压值基本不变(电势变化在 ±0.01 mV 以内),则表示样品盘上、下表面温度 T_1,T_2 的示值也不变,即样品盘的温度梯度已达到稳态.记录稳态时热电偶测温仪两端的电压值,并由表 2.8.1 得到 T_1,T_2 值.将这些测量量记录到原始数据中.

4）测冷却速率

移去样品盘,将上、下铜盘贴合在一起,继续对散热盘加热.当散热盘温度比稳态时温度 T_2 高出 10 ℃ 或 10 ℃ 以上时,移去加热盘,让散热盘暴露在空气中自然冷却.每隔 30 s 读一次散热盘的温差电动势示值,查找表 2.8.1,获得对应的温度值.将数据记录在表 2.8.3 中,数据获取一直持续到散热盘温度比 T_2 低约 10 ℃.

2.8.5　数据处理

(1) 根据表 2.8.2 绘制散热盘温度与时间的关系曲线图 $T(t)$- t(见图 2.8.3).在温度为 T_2 处作时间轴 t 的平行线,交于曲线 $T(t)$ 一点,过该点作曲线的切线,并求其斜率 k.切线的斜率 k 即为散热盘在温度 T_2 的冷却速率,即

$$k = \frac{dT}{dt}\bigg|_{T=T_2}.$$

(2) 将测量的结果和求得的冷却速率 k 代入式(2.8.4),计算材料的导热系数 λ.

2.8.6　注意事项

(1) 实验过程中,要打开风扇开关,且整个实验过程中风扇都要处于打开的状态.

(2) 第一次实验结束,将加热器开关切断,用电扇将加热器吹凉,待与室温平衡后,才能继续实验.样品不能连续做实验,必须经过半个小时以上的放置,与室温平衡后才能进行下一次实验.

(3) 实验全部结束后必须断开电源,一切恢复原状.

[思考题]

1.什么叫作稳态? 怎样判断系统是否达到了稳态? 实验中如何实现稳态条件?

2.本实验中要测量哪些量? 其中哪几个是关键量?

3.注意观察实验过程中环境温度的变化,研究它对实验结果的影响.

原始数据记录（实验 2.8）

表 2.8.2　散热盘、样品盘的几何参数测量　　　　　　　（单位：cm）

物理量		次序					平均值
		1	2	3	4	5	
散热盘	直径 d_D						
	厚度 h_D						
样品盘	直径 d_B						
	厚度 h_B						

注：要求在样品盘的不同位置或不同角度进行测量.

散热盘的质量 $m=$ _____ kg；

稳态时各热电偶的温差电动势值：

加热盘热电偶读数 $U_1=$ _____ mV，温度 $T_1=$ _____ ℃.

样品盘热电偶读数 $U_2=$ _____ mV，温度 $T_2=$ _____ ℃.

表 2.8.3　测量冷却速率（散热盘温度随时间的变化）

时间 t/s	散热盘热电偶读数 U/mV	温度 $T/℃$
0		
30		
60		
90		
120		
150		
180		
210		
240		
270		
300		
...	...	...

大学物理实验预习报告

实验项目 **稳态法测量固体的导热系数**

班别＿＿＿＿＿＿＿＿＿＿＿＿＿学号＿＿＿＿＿＿＿＿＿＿＿＿＿＿姓名＿＿＿＿＿＿＿＿＿＿＿＿

实验进行时间＿＿＿＿＿年＿＿＿＿＿月＿＿＿＿＿日，第＿＿＿＿＿周，星期＿＿＿＿＿，＿＿＿＿＿时至＿＿＿＿＿时

实验地点＿＿＿＿＿＿＿＿＿＿＿＿＿＿

实验目的：

实验原理简述：

实验中应注意事项：

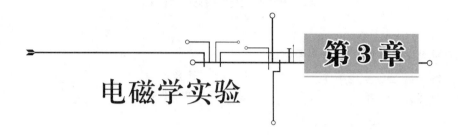

第3章

电磁学实验

实验 3.1　电子荷质比的测定

　　原子这一概念最初是由英国化学家道尔顿(Dalton)提出的.对于原子的认识,则经历了相当长的时期.对原子的认识还会向前一直推进,甚至是没有止境的.1803 年,道尔顿提出,原子是组成物质的基本粒子,而且是坚实的、不可再分的实心球.1897 年,英国物理学家汤姆孙(J. J. Thomson)做了著名的"阴极射线偏转"实验,发现了"电子",而整个原子又是中性的,所以他提出了一种原子模型:原子是一个平均分布着正电荷的粒子,其中镶嵌着许多电子,中和了正电荷,从而形成了中性原子.1911 年,英国籍新西兰的物理学家卢瑟福(Rutherford)在 α 粒子散射实验的基础上提出的原子模型是:在原子的中心有一个带正电荷的核,它的质量几乎等于原子的全部质量,电子在它的周围沿着不同的轨道运转,就像行星环绕太阳运转一样.1913 年,丹麦物理学家玻尔(Bohr)提出的原子模型是:电子在原子核外空间的一定轨道上绕核做高速的圆周运动.在现代科技仪器的帮助下,人们已经可以模拟出最相近的原子结构模型.现在普遍认为电子云模型是最真实的原子模型描绘.电子云模型指出:原子核占据了原子的主要质量,并且在它的周围,电子时刻在做着无规则的运动.

　　汤姆孙做"阴极射线偏转"实验时将阴极射线置于强磁场中,当射线中粒子——"电子"在磁场中运行时,所受到的洛伦兹力会充当向心力,导致粒子的运动轨迹发生偏转,从而在磁场中会显示射线运行的曲率半径,采用静电偏转力与磁场偏转力平衡的方法求得粒子的速度,结果发现了"电子",并求出它的荷质比 e/m(电子所带电荷量与其质量的比值),且证明该比值是唯一的,对物理学的发展做出了重大贡献.电子荷质比是物理学中重要而且最常用的参数之一,它的测量深刻地影响了人们对世界的认识.在此基础上,1911 年,美国物理学家密立根(Millikan)采用油滴实验测量出电子所带的电量.

　　测量电子荷质比的方法在物理实验中有许多种,本实验以当年英国物理学家汤姆孙的思路,利用电子束在磁场中运动轨迹发生偏转的方法来测量.通过该实验的操作不仅可以测量出电子荷质比,还能加深对洛伦兹力的认识.

3.1.1　实验目的

(1) 学会利用电子束在磁场中运动轨迹发生偏转的方法来测量电子荷质比.

(2) 进一步加深对洛伦兹力的认识.

(3) 熟练掌握电子荷质比的计算方法.

3.1.2　实验仪器

FB710 型电子荷质比测定仪整机外形如图 3.1.1 所示, 其主要构件有亥姆霍兹线圈 A、电子束发射威尔尼氏管 B、反射镜 C 和滑动标尺 D.

1. 亥姆霍兹线圈

亥姆霍兹线圈的作用是产生磁场. 亥姆霍兹线圈通电流 I 时, 轴线中心处的磁感应强度为

$$B = kI,$$

式中, k 为磁电变换系数, 其表达式为

$$k = \mu_0 \left(\frac{4}{5} \right)^{\frac{3}{2}} \times \frac{N}{R},$$

式中, 真空磁导率 $\mu_0 = 4\pi \times 10^{-7}$ H/m, R 为亥姆霍兹线圈的平均半径, N 为单个线圈的匝数. 由厂家提供参数 $k = 7.86 \times 10^{-4}$.

2. 电子束发射威尔尼氏管

电子荷质比测定仪的中心器件是三维立体的威尔尼氏管, 通过它可以生动形象地显示出电子束的运动轨迹. 将威尔尼氏管放于由亥姆霍兹线圈产生的磁场中, 用电压激发它的电子枪发射出电子束, 进行实验操作.

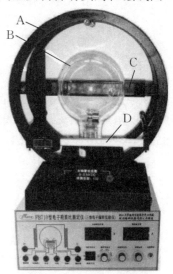

图 3.1.1　FB710 型电子荷质比测定仪

3. 主要器件的技术参数

(1) 威尔尼氏管. 真空气压: 10^{-1} Pa; 灯丝电压: 6.3 V; 调制电压: $0 \sim -15$ V; 最大加速电压: 250 V.

(2) 亥姆霍兹线圈. 内径: $\Phi_{内} = 300$ mm; 外径: $\Phi_{外} = 332$ mm; 有效半径: $R = 158$ mm. 单线圈匝数: $N = 130$ 匝; 最大励磁电流: $I_{max} = 3.5$ A.

(3) 电源. 加速电压: $0 \sim 250$ V; 调制电压(内置): $0 \sim -15$ V; 照明电压: 2.5 V.

3.1.3　实验原理

当电子以速度 v 垂直进入均匀磁场时, 受到洛伦兹力的作用, 洛伦兹力由

$$f = ev \times \boldsymbol{B} \tag{3.1.1}$$

决定. 由于力的方向是垂直于速度的方向, 如图 3.1.2 所示, 电子的运动的轨迹是一个圆, 力的方向指向圆心, 洛伦兹力提供电子圆周运动的向心力

$$f = evB = \frac{mv^2}{r}, \tag{3.1.2}$$

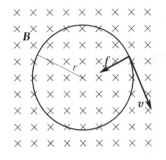

图 3.1.2　电子在磁场中的运动

式中，r 是圆周的半径. 由式(3.1.2)可得

$$\frac{e}{m}=\frac{v}{r \cdot B}. \tag{3.1.3}$$

实验中在加速电压 U 作用下电子枪射出电子流，eU 全部转变成电子的输出动能，故有

$$eU=\frac{1}{2}mv^2. \tag{3.1.4}$$

由式(3.1.3)和式(3.1.4)可得

$$\frac{e}{m}=\frac{2U}{(rB)^2}. \tag{3.1.5}$$

实验中采取固定加速电压 U，通过改变偏转电流，产生不同的磁场，进而测量电子束圆周运动半径 r，就可以获得电子的荷质比 $\frac{e}{m}$.

实验中仔细调整威尔尼氏管的电子枪，使电子束运动方向与磁场严格垂直，产生完全封闭的圆形轨迹. 按照亥姆霍兹线圈产生磁场的原理计算实验数据. 根据厂家提供的参数 $R=158\ \mathrm{mm}$，$N=130$ 匝，由式(3.1.5)可得

$$\frac{e}{m}=\left(\frac{125}{32}\right)\times\frac{R^2U}{\mu_0^2N^2I^2r^2}=2.474\times10^{12}\times\frac{R^2U}{N^2I^2r^2}(\mathrm{C/kg}). \tag{3.1.6}$$

3.1.4　实验内容

1. 电子束在均匀磁场中轨迹的演示

(1) 电子的运动方向与磁场平行或无磁场时，电子束的轨迹如图 3.1.3(a)所示.

(2) 电子的运动方向与磁场完全垂直时，电子束形成圆形轨迹，如图 3.1.3(b)所示.

(3) 当电子的运动方向与磁场不完全垂直时，电子束的轨迹为螺旋线，如图 3.1.3(c)所示.

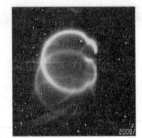

(a) 电子的运动方向与磁场　　　　(b) 电子的运动方向与磁场　　　　(c) 电子的运动方向与磁场
　　平行或无磁场时　　　　　　　　　完全垂直时　　　　　　　　　不完全垂直时

图 3.1.3　电子束的轨迹

2. 电子荷质比 e/m 的测量

(1) 电子圆周运动半径 r_0 的测量. 设电子枪发射孔到标尺右端的距离为 $2r_0$，并固定加速电压 U 值不变.

(2) 调节电子束的位置和电流大小，使其形成圆形轨迹.

调整电子枪发射孔到标尺右端的距离,使之分别为 $2r_0,2r_0+10$ mm$,2r_0+20$ mm$,\cdots$等,并记录相应的电流 $I_0,I_1,I_2,\cdots$. 由式(3.1.6)可得

$$\frac{e}{m}=\frac{2U}{r_0^2 k^2 I_0^2},\quad \frac{e}{m}=\frac{2U}{(r_0+5)^2 k^2 I_1^2},\quad \frac{e}{m}=\frac{2U}{(r_0+10)^2 k^2 I_2^2},\quad \cdots,$$

整理可得

$$r_{00}=\frac{5I_1}{(I_0-I_1)},\quad r_{01}=\frac{5I_1-10I_2}{(I_2-I_1)},\quad r_{02}=\frac{10I_2-15I_3}{(I_3-I_2)},\quad \cdots,$$

经计算可得

$$\bar{r}_0=\frac{1}{n}\sum r_{0i}.$$

3. 用公式计算电子荷质比

固定加速电压 U 值,调节磁场电流,将数据记录于表 3.1.1 中,结合式(3.1.5)计算.

4. 用作图法计算电子荷质比

式(3.1.5)可以表示为 $U=\dfrac{e}{m}\dfrac{1}{2}r^2 k^2 I^2$. 如果测量时固定 r 不变,则由 U-I^2 线性关系作直线,如图 3.1.4 所示. 从斜率求出电子荷质比.

5. 采用反射镜对光的方法计算电子荷质比

调节仪器后方线圈上反射镜的位置,以方便观察. 移动测量机构上的滑动标尺,用黑白分界的中心刻度线,对准电子枪口与反射镜中的像,采用三点一直线的方法测出电子圆形轨迹的右端点,从游标上读出刻度读数 S_0. 再次移动滑动标尺到电子圆形轨迹的左端点,采用同样的方法读出刻度读数 S_1(见图 3.1.5),将数据记入表 3.1.2. 用 $r=\dfrac{1}{2}(S_1-S_0)$ 求出电子圆形轨迹的半径.

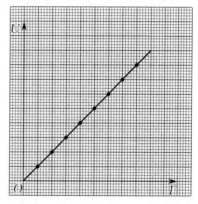

图 3.1.4　用方格纸作 U-I^2 关系曲线

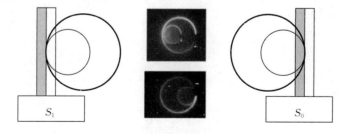

图 3.1.5　用相切方法测量圆形轨迹的直径

3.1.5　注意事项

(1) 实验开始时应细心调节电子束与磁场方向垂直,形成一个不带重影的圆环.

(2) 测量电子束半径时,三点一直线的校对应仔细,避免读数偏离(因人而异)引入系统误差.

(3) 威尔尼氏管电子束刚激发时的加速电压应略偏高一些,约为 130 V,一旦激发后加速

电压会自动降到正常电压范围内. 假如不小心把加速电压调得太高, 为了保护威尔尼氏管, 电路启动自动保护, 使加速电压限制在一定数值, 不能再升高.

(4) 亥姆霍兹线圈的励磁电流短时间最大可以调节到 3.5 A, 但不允许长时间大电流工作, 因为线圈会发热. 本仪器也设计了自动保护电路, 线圈温度过高, 励磁电流会自动切断. 这时关掉电源, 重新开机即可自动恢复功能.

思考题

1. 除用本实验介绍的方法来确定圆形轨迹的大小外, 还有其他更简捷的方法吗?

2. 测量电子荷质比还有哪些不同的实验方法?

3. 分析洛伦兹力在不同情况下对电子束的影响.

原始数据记录(实验3.1)

表 3.1.1　电流对圆形轨迹的影响　　　　　　　　　$U=$_____ V

n	电子圆形轨迹直径/mm	I/A	$\dfrac{e}{m}/(\mathrm{C/kg})$	$\dfrac{1}{n}\sum \dfrac{e}{m}/(\mathrm{C/kg})$
1	$2r_0$			
2	$2r_0+10$			
3	$2r_0+20$			
4	$2r_0+30$			

表 3.1.2　电子束位置对圆形轨迹的影响

n	S_0/mm	S_n/mm	r/mm	I/A	$\dfrac{e}{m}/(\mathrm{C/kg})$	$\dfrac{1}{n}\sum \dfrac{e}{m}/(\mathrm{C/kg})$
1						
2						
3						
4						
5						
6						
7						
8						

大学物理实验预习报告

实验项目<u>电子荷质比的测定</u>

班别_____学号_____姓名_____

实验进行时间_____年_____月_____日,第_____周,星期_____,_____时至_____时

实验地点_____

实验目的:

实验原理简述:

实验中应注意事项:

实验 3. 2　示波器的使用

示波器是一种常见的电学测量仪器,它能把看不见的电信号变换成看得见的图像显示在屏幕上,便于人们研究各种电现象的变化,所以示波器被称为"电子工程师的眼睛". 通过示波器,可以观察电压的变化情况,并能测量电压的幅值、周期、频率、相位等物理量. 示波器在科研、教学中有着广泛的用途.

3. 2. 1　实验目的

(1) 了解示波器结构和工作原理.
(2) 学会使用示波器观察各种信号的波形,并测量电压、周期、频率等物理量.
(3) 观察李萨如图形,测量未知信号的频率.

3. 2. 2　实验仪器

示波器、信号发生器和毫伏表.

3. 2. 3　实验原理

将随时间变化的电压加在电极板上,极板间就形成相应的变化电场,变化的电场使进入其中的电子的运动情况随时间做相应地变化,从而通过示波器荧光屏上电子运动的轨迹反映出电压的变化.

1. 示波器的基本结构

示波器由示波管、放大与衰减系统、扫描和显示系统、同步触发系统、电源系统等部分组成,示波器的结构如图 3.2.1 所示.

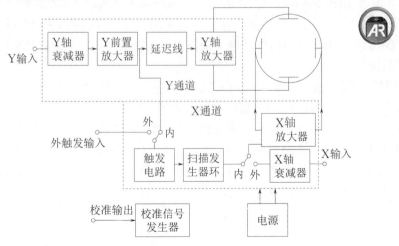

图 3. 2. 1　示波器的结构

① 示波管. 它主要由电子枪、偏转系统和荧光屏三个部分组成. 示波管是一个全密封、高真空的玻璃壳管,其结构如图 3.2.2 所示.

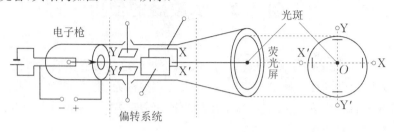

图 3.2.2　示波管示意图

偏转系统由两对相互垂直的金属板组成,分别控制水平方向和竖直方向的偏转. 从电子枪射出的电子若未受到电场的作用,将沿着轴线前进,并在荧光屏的中心呈现静止的斑点. 若受到横向电场的作用,则电子的运动方向将会偏离轴线,屏上光斑的位置将会移动. X 偏转板控制光斑在 x 方向上的位移;Y 偏转板控制光斑在 y 方向上的位移. 如果两对偏转板都加上电场,光斑在两者的共同作用下,将在荧光屏的二维平面上移动.

荧光屏上涂有荧光粉,它的作用是将电子束轰击的轨迹呈现出来以供观测.

② 放大与衰减系统. 它包括 X 轴、Y 轴放大器和 X 轴、Y 轴衰减器.

一般示波管的偏转板偏转灵敏度不高,为了观察较弱的信号,就需要将输入的信号通过放大器放大,再加在偏转板上;当输入信号的电压过大时,放大器会失真,需要在输入放大器前通过衰减器对信号加以衰减.

③ 扫描和显示系统. 把一个随时间变化的电压信号加在示波器的 Y 偏转板上,只能从荧光屏上观察到光斑在垂直方向的运动. 如果信号变化较快,荧光屏上的光斑有一定的余辉,便能看到一条垂直的亮线. 要想看到波形,则必须在水平偏转板上加上一个与时间成正比的电压信号,即 $V_x = kt$(k 为常数),使光斑在垂直方向运动的同时沿着水平方向匀速移动,从而在荧光屏上显示出电压随着时间变化的波形.

实际上,加在 X 偏转板上的信号是"锯齿波",如图 3.2.3 所示,其特点是一个周期内的电压与时间成正比,到达最大值后又突然变成零,然后进入下一个周期,从而形成锯齿状的波形. 由于水平偏转板上锯齿波的作用,使电子束在水平方向呈周期性地由右至左的运动,所以该信号称为"扫描"信号.

④ 同步触发系统. 待测信号 $V_y(t)$ 与扫描信号 $V_x = kt$ 是两个独立的电压信号. 若要形成稳定的波形,待测信号的周期 T_y 与扫描信号的周期 T_x 之间必须满足关系:$T_x = nT_y$.

如果锯齿波的周期与待测信号的周期有少许不一致,导致荧光屏上的波形会向左或向右移动,这种现象称为不同步. 要使其同步,常用的办法是将 y 轴输入的信号接到锯齿波发生器中,强迫两个周期同步,从而得到稳定的波形. 示波器面板上触发"电平"旋钮可使两个周期同步,适当调节电平旋钮,可以使波形稳定.

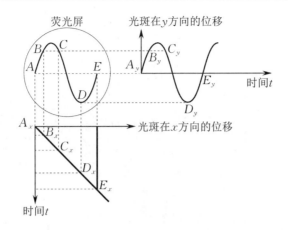

图 3.2.3 锯齿波与正弦信号显示原理

2. 物理量的测量

1）电压的测量

在示波器上得到正弦波的稳定波形后,从示波器的荧光屏上可以直接读出被测信号波形的高度 H,则信号的峰-峰电压(波峰-波谷之差)为

$$U_{P\text{-}P}=D_y\times H.$$

这里的 D_y 为示波器的 y 轴偏转灵敏度(VOLTS/DIV).1 DIV 表示一个分格.

2）频率与周期的测量

示波器的荧光屏上得到稳定的波形后,在示波器上读出一个完整周期所占的格数 L(水平方向上的),则周期为

$$T=D_x\times L.$$

这里的 D_x 是扫描速度开关的偏转灵敏度(TIME/DIV).频率为

$$f=\frac{1}{T}.$$

3.2.4 实验内容

1. 熟悉示波器的使用、观察波形

(1)接通电源,熟悉面板上旋钮的功能.

(2) y 轴输入信号源信号,x 轴输入锯齿波扫描电压,并调节到合适的扫描频率范围.观察输入信号波形,调节扫描微调观察波形变化情况,使荧光屏上出现 1~3 个稳定的波形.

(3)用标准信号校准示波器.

(4)测量正弦波的幅度、周期、频率和有效值.

2. 观察李萨如图形并测定未知正弦信号的频率(选做)

(1)选择信号源输出信号为正弦波,接入 y 轴,x 轴选择标准正弦波,观察李萨如图形.

(2)调节信号源,可得各种李萨如图形.

3.2.5 数据处理

(1)计算周期:

$$T = D_x \times L.$$

频率

$$f = \frac{1}{T}.$$

（2）计算峰-峰电压：

$$V_{\text{P-P}} = D_y \times H.$$

（3）计算电压有效值：

$$V_{\text{有效}} = \frac{V_{\text{P-P}}}{2\sqrt{2}}.$$

3.2.6　注意事项

（1）信号发生器、示波器均需要预热 1～2 min.
（2）不要强行旋转开关和旋钮.

思考题

1. 当扫描信号与待测信号不同步时，会出现什么现象？如何使它们同步？
2. 荧光屏上的波形不稳定时，该如何调节？

原始数据记录（实验 3.2）

表 3.2.1　示波器测正弦波的幅度、周期、频率和有效值

输出幅度（AMPL）/V				
信号频率读数/Hz	约 200 Hz	约 500 Hz	约 1 000 Hz	约 2 000 Hz
扫描速率（SEC/DIV）				
同相点的水平距离（DIV）				
周期 T/s				
频率 f/Hz				
灵敏度选择开关（VOLTS/DIV）				
峰-峰高度（DIV）				
峰-峰电压 V_{P-P}/V				
电压有效值 $V_{有效}$/V				
毫伏表测量值 $V_{测量}$/V				

大学物理实验预习报告

实验项目**示波器的使用**

班别＿＿＿＿＿＿＿＿＿＿学号＿＿＿＿＿＿＿＿＿姓名＿＿＿＿＿＿＿＿＿

实验进行时间＿＿＿年＿＿＿月＿＿＿日,第＿＿＿周,星期＿＿＿,＿＿＿时至＿＿＿时

实验地点＿＿＿＿＿＿＿＿＿＿＿

实验目的：

实验原理简述：

实验中应注意事项：

实验 3.3　惠斯通电桥测电阻

在电学中,电阻是一个基本物理量.常用的电阻测量方法有伏安法、欧姆表法,以及采用万用表的欧姆挡来测量电阻.当电阻的阻值较小或特别大时,采用电表类测量工具直接进行测量会变得较为困难.同时,随着电阻类传感器的广泛使用,为了提高测量的精度,扩大测量范围,对于电阻的阻值研究就显得尤为重要.除前面提及的采用仪表直接对电阻进行测量的直接方法外,电阻的测量还可以采用电桥等间接方法.电桥测量方法是一种比较仪表法.由于测量电阻的量值不同,可以采用惠斯通(Wheatstone)直流单臂电桥(简称惠斯通电桥)测量高值电阻(阻值在 $10^6 \sim 10^{12}$ Ω)和中值电阻(阻值在 $10 \sim 10^6$ Ω).而对于低值电阻(小于 10 Ω)的测量,由于桥臂的连接电阻、接触电阻(两者合起来约为 0.001 Ω)的存在,会使测量 1 Ω 左右的电阻时产生约为 0.1% 的误差,而且这种测量误差会随着待测电阻值的减小而增大,甚至导致结果不可信.此时只能采用双电桥来进行测量.此外,在材料学的研究中,还会使用交流电桥来进行电阻、电容与电感的测量工作.

本实验采用惠斯通电桥来测量电阻的阻值.该仪器是一种用来测量电阻或与电阻有一定关系的量的比较式仪器.它是通过将被测电阻与标准电阻进行比较而得到测量结果,因而具有较高的灵敏度和准确度.

3.3.1　实验目的

(1) 理解并掌握用惠斯通电桥测定电阻的原理和方法.
(2) 能够用惠斯通电桥测量实验室所提供的电阻阻值.
(3) 进一步熟悉万用表的使用方法及读数方法.
(4) 掌握电桥灵敏度的确定方法.

3.3.2　实验仪器

箱式电桥、三个电源(一个 9 V,两个 1.5 V)、一只万用表以及若干待测电阻和导线.

3.3.3　实验原理

1.惠斯通电桥实验原理

图 3.3.1 所示为惠斯通电桥的基本电路图,该电路主要由两部分串联电路(R_1 与 R_x 串联、R_2 与 R_s 串联)再并联而组成.图中 AD,AB,BC,DC 之间的四个电阻 R_1,R_2,R_s 和 R_x 是桥臂,DB 之间接有检流计的"桥".此外电路中还有工作电源、可变电阻、开关等.若是线式电桥,则在 DC 之间还会装有电桥灵敏度调节器(滑线变阻器).研究发现,当通过 DB 部分的电流为零时,检流计指针不偏转,意味着 B,D 两点的电位相

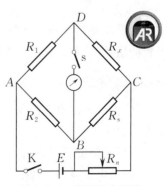

图 3.3.1　惠斯通电桥的
基本电路图

同. 此时则有

$$\frac{U_{AD}}{U_{AB}}=\frac{U_{DC}}{U_{BC}}.$$

再由欧姆定律有 $U_{AD}=I_1R_1$, $U_{AB}=I_2R_2$, $U_{DC}=I_1R_x$, $U_{BC}=I_2R_s$. 代入上式,可得

$$\frac{R_1}{R_2}=\frac{R_x}{R_s}.$$

上式为电桥平衡条件. 可见,不论流经桥臂的电流大小如何变化,都不会影响电桥的平衡状态. 于是

$$R_x=\frac{R_1}{R_2}R_s=KR_s, \tag{3.3.1}$$

式中, K 为电桥的倍率,一般可取 $\times 10^{-3}$, $\times 10^{-2}$, $\times 10^{-1}$, $\times 1$, $\times 10$, $\times 10^2$, $\times 10^3$ 七挡,取决于待测电阻的大小. R_s 为变阻箱电阻(标准电阻),可以通过调节变阻箱得到,其最高位的数量级为 10^3 Ω. 倍率挡选择是由待测电阻的数量级与变阻箱电阻的最高数量级来决定的. 待测电阻的数量级可用万用表来确定,例如,一个电阻测量值为 15.6 Ω,则其数量级为 10^1,倍率挡则可确定为 $\frac{10^1}{10^3}=10^{-2}$. 读取 K 和 R_s 后,则可以通过式(3.3.1)得到待测电阻的值.

2. 电桥灵敏度

电桥的平衡,除受变阻箱的最小电阻值(1 Ω)影响外,还受到实验测试者的影响.

如果个数指示调节到 6 Ω 示数,检流计读数偏向"0"右侧,而调节到 5 Ω 时,检流计读数偏向"0"左侧,此时若要使电桥平衡,则要调节的电阻值会小于 1 Ω. 这时就会使用电桥灵敏度调节器(滑线变阻器),这样电路中就引入了一个未知的误差. 另一方面,检流计的灵敏度总是有限的,当指针的偏转小于 0.2 分格时,人眼是难以察觉的. 从原理上来讲,在测量过程中,当变阻箱的读数为 R 时,电桥平衡,然后把 R 改变一个小量 ΔR,电桥就会失去平衡,检流计中就有电流通过. 如果此电流很小以致人眼未能察觉出检流计指针的偏转,就会认为电桥仍是平衡的,而得出错误的结论.

综上所述,为了估计由于滑线变阻器的引入与视觉上造成的偏差,我们引入电桥灵敏度的概念,它定义为

$$S=\left|\frac{\Delta n}{\Delta R/R}\right|,$$

式中, ΔR 是电桥平衡后电阻 R 的微小改变量, Δn 是由于 R 变为 $R+\Delta R$ 后检流计偏离平衡位置的格数. S 表示电桥对桥臂电阻相对不平衡值 $\Delta R/R$ 的反应能力. 显然 S 越大,电桥越灵敏,由此带来的误差也就越小. 例如, $S=100$ 格 $=\frac{1\ \text{格}}{1\%}$,即当 R 改变 1%时,检流计有 1 格的偏转. 通常人眼可以察觉出 0.2 格的偏转. 也就是说,在电桥平衡后 R 值只要变化0.1%,人们就可以察觉出来.

电桥灵敏度 S 与电桥的倍率 K、电源电压 E、桥臂电阻 R_s 及检流计的灵敏度有关. 可以证明,输入电压越高,检流计灵敏度越高,电桥灵敏度也越高. 由于桥臂电阻功耗的限制,输入电压不能过高;而且检流计的灵敏度也是有限的,故电桥灵敏度不能无限提高. 电桥灵敏度可由对电桥的分析计算得出,也可由实验测得. 由于标准电阻 R_s 一般不能连续调节,其最小步

进值也会影响测量的精度,因此电桥的灵敏度应与 R_s 相适应.灵敏度太低固然会带来误差,但灵敏度太高了也无必要,否则 R_s 的不连续性突现出来,反而会造成调节困难.

3.3.4　实验内容

1. 准备工作

用万用表检测电源电压是否满足实验需要,然后将合适的电源装入箱式电桥(见图 3.3.2).必须按规定选择电桥的工作电压,电源电压若低于规定值,则会使电桥的灵敏度降低,若高于规定值,则可能烧坏桥臂.

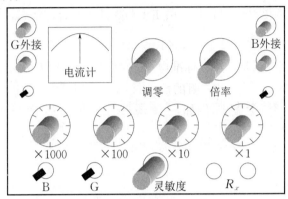

图 3.3.2　箱式电桥示意图

2. 粗略测量

用万用表测试待测电阻的阻值,并记录万用表测量值,填入表 3.3.1,然后将待测电阻接入箱式电桥.

3. 调整电桥平衡,读数并记录数据

根据粗略测量的电阻值,选取合适的倍率挡位,操作面板上 B,G 两个按钮. B 与 G 分别是电源和检流计的按钮开关,必须断续接通,测电阻时应先按 B 后按 G,断开时则必须先断 G 后断 B,这样操作可防止在测量电感性元件的阻值时损坏检流计.调节 R_s 的四个旋钮,直到指针指零,此时通过检流计的电流为零.电桥平衡即可读取 R_s 的值并计算 R_x 的值 $R_x = KR_s$.

4. 电桥灵敏度的测量

电桥平衡后,通过调整 R_s 来改变 ΔR_s,通过使检流计指针偏离零点 0.1 格(人眼能觉察到的界限)来确定电桥灵敏度.在实验操作中,一般调整电阻 R_s 使检流计指针偏离零点 2 格以上来确定电桥灵敏度.读取数据并记入表 3.3.2.

3.3.5　数据处理

(1) 根据式(3.3.1)求得电阻阻值为 $R_x = KR_s$.

(2) 求出电桥的灵敏度 $S = \left| \dfrac{\Delta n}{\Delta R_s / R_s} \right|$.

(3) 求出电阻的不确定度 $U_{R_x} = \dfrac{0.1}{S} R_x$($u_B$ 取 0).

(4) 正确表示实验结果为 $R = R_x \pm U_{R_x}$.

3.3.6 注意事项

(1) 箱式电桥使用时,电源接通时间均应很短,即不能让 B,G 两按钮同时长时间处于接通状态;测量时,应先按 B 后按 G,断开时,必须先断开 G 后断开 B.

(2) 箱式电桥所用电源的电压大小应根据实验室提供的说明书或资料,按规定取值.

(3) 调节比较臂 R_s 的四个电阻旋钮时,应由大到小. 当大阻值的旋钮转过一格,检流计的指针从一边越过零点偏到另一边时,说明阻值改变范围太大,应改成较小阻值旋钮. 转动旋钮时,要用电桥的平衡条件做指导,不得随意乱转.

(4) 测量完毕后必须断开 B 和 G,并仍使短路片处于"内接"状态,以保护检流计.

思考题

1. 在电桥测量电阻的过程中,可能会遇到检流计指针不动的情况,试分析原因并提出解决方法.

2. 电桥连接好后,接通 B,G 时会发现检流计指针总是偏向一边,试分析产生这种现象的原因并提出解决方法.

3. 如果在做实验时检流计指针摇摆不定,应该如何解决?

原始数据记录(实验 3.3)

电源电压值:＿＿＿＿＿＿＿ V.

表 3.3.1　电阻值记录

电阻序号	万用表测量值/Ω	倍率 K	变阻箱读数/Ω	实验测量值/Ω
1				
2				
3				

表 3.3.2　灵敏度记录

电阻序号	变阻箱电阻变化值/Ω	检流计变化格数 Δn	灵敏度 S	电阻不确定度 U_{R_x}
1				
2				
3				

大学物理实验预习报告

实验项目 **惠斯通电桥测电阻**

班别＿＿＿＿＿＿＿＿＿＿＿学号＿＿＿＿＿＿＿＿＿＿＿姓名＿＿＿＿＿＿＿＿＿＿＿

实验进行时间＿＿＿年＿＿＿月＿＿＿日,第＿＿＿周,星期＿＿＿,＿＿＿时至＿＿＿时

实验地点＿＿＿＿＿＿＿＿＿＿＿＿

实验目的:

实验原理简述:

实验中应注意事项:

实验 3.4　电位差计的使用

电位差计是电磁测量中的重要仪器之一,利用补偿原理和比较法精确测量直流电位差或电源电动势,它使用方便,测量结果准确度高,稳定可靠.电位差计的用途很广泛,不但可以精确测量电动势、电压,还可以与标准电阻配合,精确测量电流、电阻和功率等.如果配以其他附件,如标准电阻、标准分压器、传感器等,它还可以测电流、电阻、电功率,甚至可以测量非电磁学物理量,如温度、位移等.在现代工程技术中电子电位差计广泛用于各种自动检测和自动控制系统.

板式电位差计是一种教学型电位差计,通过分析它的结构,可以更好地学习和掌握电位差计的基本工作原理和操作方法.实际应用中常见的箱式电位差计都是基于同样的工作原理.

3.4.1　实验目的

(1) 学习和掌握电位差计的补偿工作原理、结构和特点.
(2) 学习用板式电位差计测量未知电动势的方法和技巧.
(3) 培养学生正确连接电学实验线路、分析线路和实验过程中排除故障的能力.

3.4.2　实验仪器

板式电位差计、标准电池等.

3.4.3　实验原理

电源的电动势在数值上等于电源内部没有电流通过时两极间的电压.如果直接用电压表测量电源电动势,其测量结果是端电压,而不是电动势.因为将电压表并联到电源两端,就有电流 I 通过电源的内部,由于电源有内阻 r_0,在电源内部不可避免地存在电位差 Ir_0,所以电压表的指示值只是电源的端电压 $U(U=E-Ir_0)$.显然,为了能够准确地测量电源的电动势,必须使通过电源的电流 I 为零,此时,电源的端电压 U 才等于其电动势 E.

要精确测量电源的电动势,原则上可按照图 3.4.1 所示的补偿法原理进行.图中 E_s 为可调的标准电池,E_x 为待测电动势.调整 E_s,使检流计指零,此时称这两个电动势处于补偿状态,$E_x=E_s$.这种测量电动势的方法称为补偿法.

按上述补偿法原理所构成的仪器称为电位差计.用电位差计可精确测量电源的电动势或电位差.电位差计的原理如图 3.4.2 所示.稳压电源 E、滑线变阻器 R_n、电阻 R_{AB}、开关 K_1 等组成辅助回路;电阻 R_{CD}、检流计 G、标准电池 E_s、待测电动势 E_x、双掷开关 K、保护电阻 R_p 组成补偿回路.

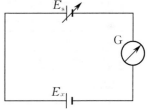

图 3.4.1　补偿法原理图

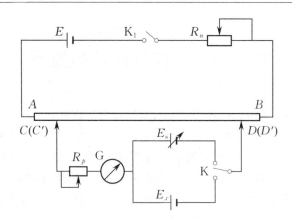

图 3.4.2　电位差计的原理

使用电位差计时,首先要使辅助回路有一个恒定的工作电流 I_0,这个过程称为工作电流标准化,它可借助于标准电池 E_s 实现.恰当选取电阻 R_{CD},闭合 K_1,把 K 拨向 E_s 端,调节 R_n,以改变辅助回路的电流.当检流计指零时,R_{CD} 两端的电位差恰与补偿回路中标准电池的电动势相等,即 $E_s=I_0R_{CD}$,此时称电路达到补偿,电流 I_0 称为已标准化的电流.工作电流标准化后,紧接着把 K 拨向 E_x 端,改变滑动触头 C,D 位置到 C',D' 位置,使检流计又一次指零,这时 C',D' 间电位差恰和待测电动势 E_x 相等.设 C',D' 间电阻为 R_x,则待测电动势

$$E_x=I_0R_x=\frac{E_s}{R_{CD}}R_x. \tag{3.4.1}$$

由上述原理可知,电位差计是通过先后两次补偿来获得测量结果的.因此,在反复测量中,每次都要先使工作电流标准化,再进行测量.这一调整过程也常称为电位差计的定标.

3.4.4　实验内容

1. 熟悉板式电位差计和标准电池

1) 板式电位差计

板式电位差计是一种根据电压补偿原理制作的教学型仪器,通过对原理图(见图 3.4.2)的分析,可以更好地学习和掌握电位差计的基本工作原理和操作方法.图中 AB 为长 11 m、粗细均匀的电阻丝,将它来回折绕在 10 个插座上,如图 3.4.3 所示.各插座标用 0,1,2,…,

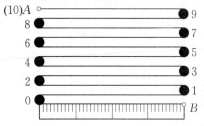

图 3.4.3　电阻丝 AB 的绕法示意图

10 标记,编号相邻的插座间距为 1 m,最后 1 m 电阻丝下面固定一根标尺(分度为 mm).利用触头 C 插在 0~10 号插孔中的任意一个位置,触头 D 在最后 1 m 电阻丝上滑动,触头 C,D 间电阻丝长度在 0~11 m 范围内连续可调.CD 间的电阻为 R_{CD}.例如,若取触头 C,D 间电阻线长度为 5.093 0 m,则将触头 C 插在插孔"5"中,触头 D 接在标尺 0.093 0 m 处.这时触头 C,D 之间的电阻线长即为 5.093 0 m.

2) 标准电池

图 3.4.2 中的 E_s 为标准电池.标准电池是一种化学电池,有饱和式和非饱和式两种.饱

和式标准电池的电动势稳定,但其电动势随温度略有变化,使用时需依据说明书修正. 在 20 ℃时,饱和式标准电池的电动势应在 1.018 55 ~ 1.018 68 V 范围内.非饱和式标准电池不必做温度修正,但稳定性不如饱和式的高.

2. 接线

按图 3.4.2 所示的原理图接好线路.

3. 调工作电流 I_0 标准化

先确认标准电池电动势 E_s 值.实验室常用的饱和式标准电池的电动势 $E_s = 1.018\ 6$ V,单位长度电阻丝上电位差为 U_0,可先选定并记录. 例如,若选定每单位长度电阻丝上的电位差为 0.200 0 V/m,则应使 C, D 两点之间的电阻丝长度 $L_{CD} = \dfrac{1.018\ 6}{0.200\ 0}$ m = 5.093 m. 确定好 C, D 两点的位置,合上 K_1,把 K 拨向 E_s,跃接 D.稳压电源 E 取 3 ~ 5 V,调节 R_n,使检流计 G 指零,电路接近补偿. 再调节保护电阻 R_p 至最小,以提高检流计线路的灵敏度. 再调节 R_n,跃接 D,使检流计 G 再指零,电位差计精确补偿. 至此,辅助回路 I_0 标准化,在之后的测量环节中,不可再调节 R_n.

4. 测量未知电动势

实验中待测电池采用 1.5 V 左右的旧干电池. 先按上面所述方法估算出 $L_{C'D'}$ 的长度. 令 $L_{C'D'} = \dfrac{E_x}{0.200\ 0}$,可估算出 $L_{C'D'}$ 约为 7.500 0 m. 打开 K,把 C' 置于插座 7 中,置按键 D' 于 0.500 0 m 处. 把 K 拨向 E_x,跃迁并移动 D',使检流计 G 再次指零. 则未知电动势

$$E_x = I_0 R_{C'D'} = \frac{E_s}{R_{CD}} R_{C'D'} = \frac{E_s}{L_{CD}} L_{C'D'}. \tag{3.4.2}$$

改变 U_0 值即改变 L_{CD},重复测量五次. 注意每次都要调工作电流标准化,并紧接着测量. 将数据记录在表 3.4.1 中.

3.4.5　数据处理

根据表 3.4.1 中记录的数据,由式(3.4.2)计算 E_x,求出算术平均值 $\overline{E_x}$,并计算不确定度.
E_x 的合成不确定度 U 由 A 类不确定度 u_A 和 B 类不确定度 u_B 合成,即

$$U_{E_x} = \sqrt{u_A^2 + u_B^2},$$

式中,$u_A = \sqrt{\dfrac{\sum\limits_{i=1}^{n}(E_{xi} - \overline{E_x})^2}{n(n-1)}}$ (n 为测量次数);u_B 主要由标准电池引起的 u_{B1} 和电位差计灵敏度引起的 u_{B2} 决定,有

$$u_B = \sqrt{u_{B1}^2 + u_{B2}^2},$$

式中,$u_{B1} = E_s \times f \times 100\%$($f$ 为精度等级,本实验采用的标准电池精度等级为 0.01),u_{B2} 与电位差计的灵敏度有关.

由于检流计灵敏度的限制,当检流计不偏转时,并不能说明补偿回路电流绝对等于零. 因此电位差计有一个灵敏度问题. 确定电位差计灵敏度的方法是:电位差计测量达到补偿平衡后,CD 间(或 $C'D'$ 间)电位差每增加(或减小)ΔU 时,所引起检流计的指针偏转格数为 Δd,

则电位差计的灵敏度 S 定义为

$$S = \frac{\Delta d}{\Delta U}.$$

在测量时,对应于 $\Delta d = 0.2$ 格(人眼刚能察觉的偏转)的 ΔU,就是电位差计所能判别的 ΔU 的极限了. 因此由电位差计灵敏度所引起的测量误差限值为

$$\Delta U' = \frac{0.2}{S} \text{V}.$$

在板式电位差计中,这个误差限值主要是由电阻丝的长度测量决定的,可视为均匀分布,则

$$u_{B2} = \frac{\Delta U'}{\sqrt{3}}.$$

E_x 的测量结果表示为

$$E_x = \overline{E_x} \pm 2U_{E_x}.$$

E_x 的相对合成标准不确定度为

$$U_r = \frac{U_{E_x}}{\overline{E_x}} \times 100\%.$$

3.4.6　注意事项

(1) 电位差计实验板上的电阻丝不要任意去拨动,以免弄断或影响电阻丝的长度和粗细均匀.

(2) 检流计不能通过较大电流,因此,在 C,D 接入时,电键 D 跃接时按下的时间应尽量短.

(3) 接线时,所有电池的正、负极不能接错,否则补偿回路不可能调到补偿状态.

(4) 严禁用电压表直接测量标准电池的端电压,实验时接通时间不宜过长,更不能短路.

(5) 在使用电位差计时,必须先接通辅助回路,再接通补偿回路;断电时,必须先断开补偿回路,再断开辅助回路.

【思考题】

1. 什么是补偿法? 其优点是什么?

2. 在实验中发现检流计总是偏向一边,无法调平衡,试分析其原因.

3. 电流标准化后,紧接着的测量过程中 R_p 能否再改变?

原始数据记录(实验 3.4)

表 3.4.1　用板式电位差计测量未知电动势　　　　　　$E_s =$ _____

测量次序	L_{CD}/m	$L_{CD'}$/m	待测电动势 E_x/V	$\overline{E_x}$/V
1				
2				
3				
4				
5				

大学物理实验预习报告

实验项目<u>**电位差计的使用**</u>

班别_____学号_____姓名_____

实验进行时间_____年_____月_____日,第_____周,星期_____,_____时至_____时

实验地点_____

实验目的:

实验原理简述:

实验中应注意事项:

实验 3.5　霍尔效应测量磁场

　　霍尔效应是 24 岁的霍尔(Hall)在美国霍普金斯大学读研究生期间,研究关于载流导体在磁场中的受力情况时发现的一种现象.霍尔效应已在科学实验和工程技术中得到广泛应用.霍尔传感器主要用在以下几个方面:测量磁场;测量交、直流电路的电流和电功率;转换信号,如将直流电流转换成交流电流;对各种非电学物理量进行测量并输出电信号,供自动检测、控制和信息处理,实现生产过程的自动化.了解这一实用性的实验,对学生的工作和学习都有帮助.

3.5.1　实验目的

　　(1) 了解霍尔效应的机理,掌握其测量磁场的原理;
　　(2) 掌握利用霍尔元件测量磁场的方法;
　　(3) 测量蹄形电磁铁气隙中一点的磁感应强度以及气隙中磁场的空间分布;
　　(4) 学习用对称测量法消除不等位效应的影响.

3.5.2　实验仪器

　　霍尔效应实验仪、霍尔效应测试仪、特斯拉(Tesla)计.

3.5.3　实验原理

1. 霍尔效应

　　霍尔效应本质上是运动的带电粒子在磁场中受洛伦兹力作用而引起的偏转.当带电粒子(电子或空穴)被约束在材料中,这种偏转就导致在垂直于电流和磁场的第三个方向上(见图 3.5.1 中的 z 轴方向)产生正、负电荷的聚积,从而形成附加的电压,即霍尔电压.

　　图 3.5.1 所示为一个长方体(尺寸为 $L \times d \times b$)半导体材料制成的霍尔元件.当沿 x 轴方向通有工作电流 I_H 后,将该霍尔元件放置在沿 y 轴方向磁感应强度为 $\boldsymbol{B}$ 的磁场中.霍尔元件中运动的电荷 e(对 n 型半导体是电子)将受到洛伦兹力作用,其大小为

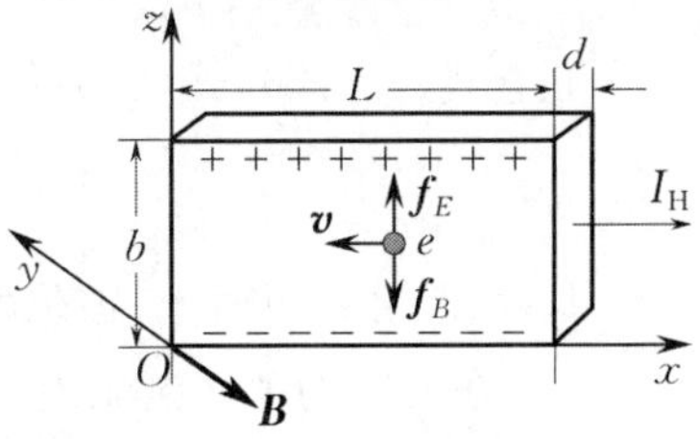

图 3.5.1　霍尔效应原理图

$$f_B = evB. \qquad (3.5.1)$$

f_B 的方向可以由向量运算法则中的右手定则 $v \times \boldsymbol{B}$ 和电荷 e 的正、负决定.在洛伦兹力 f_B 的作用下,电荷将在元件几何尺寸的第三个方向(z 轴方向)的两端面堆积而形成电场,形成的电场会对载流子产生一静电场力 f_E,其大小为

$$f_E = eE_H. \qquad (3.5.2)$$

f_E 的方向与洛伦兹力相反,如图 3.5.1 所示,它阻止电荷继续堆积.当洛伦兹力 f_B 和静电场力 f_E 达到静态平衡时,有

$$f_B = f_E,$$

即

$$evB = eE = \frac{eU_H}{b}.$$

(3.5.3)

于是电荷堆积的两端面(z 轴方向)有电势差 U_H(霍尔电压)为

$$U_H = -vbB.$$

(3.5.4)

通过霍尔元件的工作电流 I_H 可表示为

$$I_H = nevbd,$$

式中,n 是电子浓度. 因此可得

$$v = \frac{I_H}{nebd}.$$

(3.5.5)

将式(3.5.5)代入式(3.5.4),得

$$U_H = -\frac{I_H B}{ned}.$$

(3.5.6)

令 $R_H = -\frac{1}{ne}$,$K_H = \frac{R_H}{d}$,其中 R_H 是由霍尔元件的半导体材料性质所决定的常数,称为霍尔系数. K_H 称为霍尔元件的灵敏度,与霍尔元件的半导体材料性质和霍尔元件的几何尺寸 d 有关(实验中 K_H 标注在仪器面板上). 式(3.5.6)可改写为

$$U_H = K_H I_H B.$$

(3.5.7)

可见,霍尔电压 U_H 与 I_H,B 成正比,与霍尔元件的厚度 d 成反比. K_H 表示霍尔元件在单位磁感应强度和单位工作电流下的霍尔电压大小,其单位是 mV/(mA·T). 一般 K_H 越大越好.

当霍尔元件的材料和厚度确定时,根据霍尔系数或灵敏度可以得到载流子的浓度为

$$n = \frac{1}{eR_H} = \frac{1}{edK_H}.$$

(3.5.8)

霍尔元件中载流子迁移率(单位电场强度下载流子获得的平均漂移速度,一般电子迁移率大于空穴迁移率,因此制作霍尔元件时大多采用 n 型半导体材料)为

$$\mu = \frac{v}{E} = \frac{vb}{U_H}.$$

(3.5.9)

联立式(3.5.5)、式(3.5.7)和式(3.5.9),可得

$$\mu = K_H \cdot \frac{I_H}{U_H}.$$

(3.5.10)

从式(3.5.7)可看出,霍尔电压有如下特性:

(1) 在一定的工作电流 I_H 下,霍尔电压 U_H 与外磁场的磁感应强度 B 成正比. 这就是霍尔效应检测磁场的原理,即

$$B = \frac{U_H}{K_H I_H}.$$

(3.5.11)

(2) 在一定的外磁场中,霍尔电压 U_H 与通过霍尔元件的电流 I_H(工作电流)成正比. 这就是霍尔效应检测电流的原理,即

$$I_H = \frac{U_H}{K_H B}.$$

(3.5.12)

本实验是验证性实验,通过实验验证 $U_H = K_H I_H B$ 的正确性,进而验证磁学(洛伦兹力)

理论和静电场(静电场力 $f_E = eE_H$)理论的正确性.

2. 各种负效应所带来的误差的消除

伴随霍尔效应还存在以下几个负效应,给霍尔电压的测量带来附加误差,影响测量的精确度.

1) 埃廷斯豪森效应

1887 年,埃廷斯豪森(Ettinghausen)发现,由于载流子的速度不相等,它们在磁场的作用下,速度大的受到的洛伦兹力大,绕大圆轨道运动,速度小则绕小圆轨道运动. 这样导致霍尔元件的一端较另一端具有较多的能量,从而形成一个横向的温度梯度.因而产生温差效应,形成温差电势差 U_E,其方向取决于工作电流 I_H 和磁感应强度 B 的方向.可判断 U_E 和 U_H 始终同向.

2) 能斯特(Nernst)效应

如图 3.5.2 所示,由于工作电流 I_H 通过不同的引线电阻(两端点 a, b 处的电阻不相等)时发热程度不同,使 a 和 b 两端之间出现热扩散电流. 在磁场的作用下,在 c, e 两端出现横向电场,由此产生附加电势差 U_N. 其方向与工作电流 I_H 无关,只随磁场方向而变.

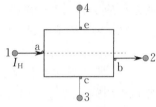

图 3.5.2 能斯特效应

3) 里吉-勒迪克(Righi - Leduc)效应

由于热扩散电流的载流子的迁移率不同,与埃廷斯豪森效应中载流子速度不同一样,也将形成一个横向的温度梯度,产生附加电势差 U_R,其方向只与磁场方向有关,与 U_H 同向.

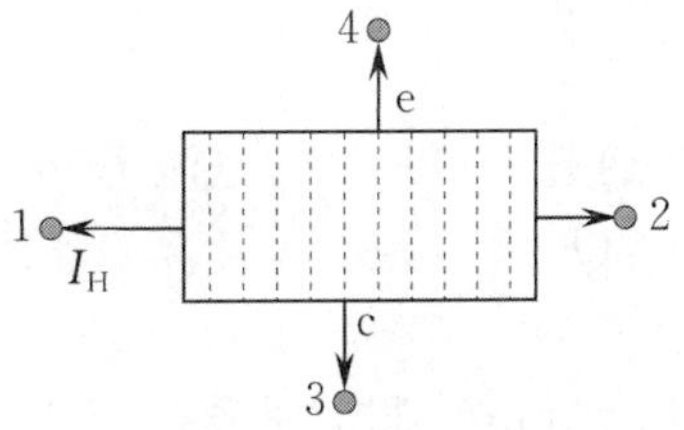

4) 不等位效应

不等位效应是由于霍尔元件的材料本身不均匀,以及电压输入端引线在制作时不可能绝对对称地焊接在霍尔片的两侧而产生的. 如图 3.5.3 所示,当工作电流 I_H 流过霍尔元件时,在电极 3,4 间也具有电势差 U_0,其方向只随工作电流 I_H 方向而改变,与磁场方向无关.

图 3.5.3 不等位效应

根据以上负效应产生的机理和特点,除埃廷斯豪森效应 U_E 外,其余的都可利用异号测量法消除影响,即需要分别改变工作电流 I_H 和 B 的方向,测量四组不同的电势差,然后做适当数据处理,从而得到霍尔电压 U_H. 这种方法也称为对称测量法. 其四组不同方向的测量为:

当 $(+B, +I_H)$ 时测量,

$$U_1 = U_H + U_0 + U_E + U_N + U_R. \tag{3.5.13}$$

当 $(-B, +I_H)$ 时测量,

$$U_2 = -U_H + U_0 - U_E - U_N - U_R. \tag{3.5.14}$$

当 $(-B, -I_H)$ 时测量,

$$U_3 = U_H - U_0 + U_E - U_N - U_R. \tag{3.5.15}$$

当 $(+B, -I_H)$ 时测量,

$$U_4 = -U_H - U_0 - U_E + U_N + U_R. \tag{3.5.16}$$

联立以上四式,得

$$U_H + U_E = \frac{1}{4}(U_1 - U_2 + U_3 - U_4). \tag{3.5.17}$$

可见,这样处理后,除埃廷斯豪森效应引起的附加电压外,其他几个主要的附加电压全部被消除了.因埃廷斯豪森效应极其微弱,即 $U_E \ll U_H$,可将上式近似写为

$$U_H = \frac{1}{4}(|U_1| + |U_2| + |U_3| + |U_4|). \tag{3.5.18}$$

3.5.4　实验内容

1. 熟悉并正确操作霍尔效应实验仪和霍尔效应测试仪

按仪器面板上的文字和符号将霍尔效应实验仪和霍尔效应测试仪正确连接,方法如下:

(1) 霍尔效应测试仪面板右下方为提供励磁电流 I_M 的恒流源输出端(0~1 000 mA),接霍尔效应实验仪上电磁铁线圈电流的输入端(将带叉接线口与接线柱连接).

(2) 霍尔效应测试仪左下方为提供的霍尔元件控制(工作)电流 I_H 的恒流源(1.50~10.00 mA)输出端,接霍尔效应实验仪霍尔元件工作电流输入端(将插头插入插座).

(3) 霍尔效应实验仪上霍尔元件的霍尔电压 U_H 输出端,接霍尔效应测试仪中部下方的霍尔电压输入端.

(4) 将测试仪与 220 V 交流电源接通.

注意:决不允许将"I_M 输出"接到"I_H 输入"处,否则,一旦通电,霍尔样品即遭破坏.

2. 测量一定 I_M 条件下($I_M = 300$ mA)电磁铁气隙中心的磁感应强度 B 的大小

(1) 调节二维标尺,使霍尔元件处于电磁铁气隙中心位置.取励磁电流 $I_M = 300$ mA.调节工作电流 I_H 从 2.00~10.00 mA(间隔为 1.00 mA),记录相应的电压值 $U_1 \sim U_4$,填入表 3.5.1.

(2) 在坐标纸上描绘 U_H-I_H 关系图形,验证霍尔电压 U_H 与通过霍尔元件的电流 I_H 成正比,即 $U_H = K_H I_H B$ 成立,并对图形做简洁的描述.求出斜率 K_1($K_1 = U_H / I_H$),计算磁场.用特斯拉计直接测量磁场,与计算值相比较.

(3) 保持霍尔元件处于电磁铁气隙中心位置,取工作电流 $I_H = 3$ mA.调节励磁电流 I_M 从 100~1 000 mA(间隔为 100 mA),记录相应的电压值 $U_1 \sim U_4$,填入表 3.5.2.在坐标纸上描绘 U_M-I_H 关系图形,验证霍尔电压 U_H 与励磁电流 I_M 成正比.也就是说,工作电流一定时,霍尔电压 U_H 与磁感应强度 B 成正比,即 $U_H = K_H I_H B$ 成立.

3. 测量电磁铁气隙中磁感应强度 B 沿水平方向的分布情况

(1) 将霍尔元件置于电磁铁气隙中心位置,即设 $x = 0.00$.调节 $I_M = 600$ mA,$I_H = 5$ mA,测得相应的电压值 $U_1 \sim U_4$,填入表 3.5.3.

(2) 记住霍尔元件在中心时,标尺上数字,将霍尔元件从中心向右边缘移动,每向右移动 5 mm 测出相应的 $U_1 \sim U_4$,填入表 3.5.3.从中心向右边缘移动依次为 0.50,1.00,1.50,…,4.00(单位:cm).

(3) 使霍尔元件回复到中心位置,将霍尔元件从中心向左边缘移动,每向左移动 5 mm 测出相应的 $U_1 \sim U_4$,填入表 3.5.3.从中心向左边缘移动依次为 -0.50,-1.00,-1.50,-3.50(单位:cm).

(4) 根据以上所测得的 $U_1 \sim U_4$ 计算 U_H 值,由公式计算出各点的 B 值,并在坐标纸上绘出 B-x 图形,显示出电磁铁气隙内 B 沿水平方向的分布状态.

3.5.5　数据处理

1. 记录使用仪器的型号、规格、霍尔元件的灵敏度 K_H

2. 处理表 3.5.1 中的数据

(1) 利用式(3.5.18)计算霍尔电压 U_H.

(2) 由仪器给定的霍尔元件的灵敏度 K_H 和式(3.5.11),计算磁感应强度 B_1.

(3) 将由式(3.5.11)得到的电磁铁气隙中心的磁感应强度 B_1 与用特斯拉计测出的结果 B_0 相比较.

3. 处理表 3.5.2 中的数据

(1) 利用式(3.5.18)计算霍尔电压 U_H.

(2) 在坐标纸上绘出 U_M - I_H 图形,验证其线性关系.

4. 处理表 3.5.3 中的数据

(1) 利用式(3.5.18)计算霍尔电压 U_H.

(2) 由仪器给定的霍尔元件的灵敏度 K_H 和式(3.5.11),计算出电磁铁气隙中磁感应强度 B 的分布情况.

(3) 在坐标纸上绘出 B-x 图形.

3.5.6　注意事项

(1) 霍尔元件又薄又脆,切勿用手摸.

(2) 霍尔元件允许通过电流很小,切勿与励磁电流接错!

(3) 电磁铁通电时间不要过长,以防电磁铁线圈过热影响测量结果.

〔思考题〕

1. 如果磁场 **B** 不垂直于霍尔元件,对测量结果有何影响? 如何由实验判断 **B** 与霍尔元件是否垂直?

2. 利用霍尔元件可测定转数,试说明其原理.

原始数据记录（实验 3.5）

表 3.5.1 测量 $I_M = 300$ mA 时电磁铁气隙中心的 U_H 和 B

I_H/mA	2.00	3.00	4.00	5.00	6.00	7.00	8.00	9.00	10.00
U_1/mV($+I_M$,$+I_H$)									
U_2/mV($-I_M$,$+I_H$)									
U_3/mV($-I_M$,$-I_H$)									
U_4/mV($+I_M$,$-I_H$)									
$U_H = \frac{1}{4}(\lvert U_1\rvert + \lvert U_2\rvert$ $+ \lvert U_3\rvert + \lvert U_4\rvert)$/mV									
B_1(由仪器给出 K_H)									
B_0(特斯拉计测量)									
E_1/%									

表 3.5.2 测量 $I_H = 3$ mA 时电磁铁气隙中心的 U_H

I_M/mA	100	200	300	400	500	600	700	800	900	1 000
U_1/mV($+I_M$,$+I_H$)										
U_2/mV($-I_M$,$+I_H$)										
U_3/mV($-I_M$,$-I_H$)										
U_4/mV($+I_M$,$-I_H$)										
$U_H = \frac{1}{4}(\lvert U_1\rvert + \lvert U_2\rvert$ $+ \lvert U_3\rvert + \lvert U_4\rvert)$/mV										

表 3.5.3　测量 $I_M=600\ \mathrm{mA}, I_H=5\ \mathrm{mA}$ 时电磁铁气隙中心 B 的分布

x/cm	-3.50	-3.00	-2.50	-2.00	-1.50	-1.00	-0.50	0.00
$U_1/\mathrm{mV}(+I_M,+I_H)$								
$U_2/\mathrm{mV}(-I_M,+I_H)$								
$U_3/\mathrm{mV}(-I_M,-I_H)$								
$U_4/\mathrm{mV}(+I_M,-I_H)$								
$U_H=\frac{1}{4}(\lvert U_1\rvert+\lvert U_2\rvert+\lvert U_3\rvert+\lvert U_4\rvert)/\mathrm{mV}$								
B(由仪器给出 K_H)								
x/cm	0.50	1.00	1.50	2.00	2.50	3.00	3.50	4.00
$U_1/\mathrm{mV}(+I_M,+I_H)$								
$U_2/\mathrm{mV}(-I_M,+I_H)$								
$U_3/\mathrm{mV}(-I_M,-I_H)$								
$U_4/\mathrm{mV}(+I_M,-I_H)$								
$U_H=\frac{1}{4}(\lvert U_1\rvert+\lvert U_2\rvert+\lvert U_3\rvert+\lvert U_4\rvert)/\mathrm{mV}$								
B(由仪器给出 K_H)								

大学物理实验预习报告

实验项目<u>霍尔效应测量磁场</u>

班别_____学号_____姓名_____

实验进行时间_____年_____月_____日,第_____周,星期_____,_____时至_____时

实验地点_____

实验目的：

实验原理简述：

实验中应注意事项：

实验 3.6　模拟法测绘静电场

静止的电荷周围存在静电场,但是静电场通常难以直接测绘. 由于静电场与稳恒电流场有相似的物理规律,可以用稳恒电流场来模拟静电场,通过测绘稳恒电流场来了解对应的静电场的性质.

3.6.1　实验目的

(1) 了解模拟法测绘静电场的理论依据.
(2) 加深对电场、电场强度、电场线、电位(势)、等位(势)线等概念的理解.
(3) 测绘几种常见的静电场,掌握其基本性质.

3.6.2　实验仪器

模拟法静电场描绘仪、电源、电压表、坐标纸、圆规、直尺、铅笔等.

3.6.3　实验原理

1. 静电场与稳恒电流场

描述静电场的物理量与描述稳恒电流场的物理量满足相似的数学规律(见表 3.6.1),可以相互模拟.

表 3.6.1　静电场与稳恒电流场的比拟关系

静电场$(E=0)$	稳恒电流场$(q=0)$
$\nabla \times E=0 \rightarrow E=-\nabla U$	$\nabla \times E=0 \rightarrow E=-\nabla U$
$\nabla \cdot D=0$	$\nabla \cdot J=0$
$D=\varepsilon E$	$J=\sigma E$
$\nabla^2 U=0$	$\nabla^2 U=0$
$D_{1n}=D_{2n}$	$J_{1n}=J_{2n}$
$E_{1t}=E_{2t}$	$E_{1t}=E_{2t}$
$U_1=U_2$	$U_1=U_2$
$\varepsilon_1 \dfrac{\partial U_1}{\partial \hat{n}}=\varepsilon_2 \dfrac{\partial U_2}{\partial \hat{n}}$	$\sigma_1 \dfrac{\partial U_1}{\partial \hat{n}}=\sigma_2 \dfrac{\partial U_2}{\partial \hat{n}}$
$q=\iint_S D \cdot \mathrm{d}S$	$I=\iint_S J \cdot \mathrm{d}S$
E, D, U, ε, q	E, J, U, σ, I

无外源区的稳恒电流场的电流密度矢量与无电荷区的静电场的电位移矢量满足的物理规律非常相似(见表 3.6.1). 两种场在无源均匀介质区域的电位都满足拉普拉斯方程,在两种不同介质的边界上也满足相似的边界条件. 若两种场的边界形状相同,且在边界处介质的特性参数满足 $\dfrac{\varepsilon_1}{\varepsilon_2}=\dfrac{\sigma_1}{\sigma_2}$,则两者可以相互模拟. 一般来说,静电场的测绘对实验仪器与操作的要

求都比较高,本实验用稳恒电流场来模拟静电场,对之进行测绘.

2. 无限大充电平行板电容器的静电场

无限大充电平行板电容器两极板间的静电场的电场强度为

$$E=\frac{\rho_S}{\varepsilon}e_z,$$

式中,ε 为平行板电容器中所填充的电介质的电容率,e_z 为从正极板指向负极板的单位矢量,ρ_S 为电荷面密度.若以负极板的电势为零,则平行板电容器中的电场的电势为

$$U=z\frac{\rho_S}{\varepsilon},$$

式中,z 为场点到负极板的距离.利用两极板的电势差 $U_0=d\frac{\rho_S}{\varepsilon}$($d$ 为两极板间的距离),上式可以写为

$$U=U_0\frac{z}{d}.$$

根据静电场与稳恒电流场各物理量的比拟关系,可以用图 3.6.1(a)所示的装置来模拟平行板电容器中的静电场.由于沿着平行极板方向的均匀性,该装置可以进一步简化为图 3.6.1(b)所示的简图.

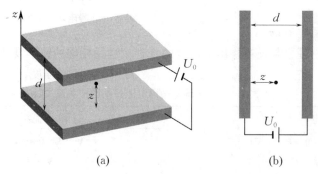

$$(a) \qquad\qquad\qquad (b)$$

图 3.6.1　模拟法测绘平行板电容器中的静电场

通过在充满电介质(电导率为 σ)的两平行极板间加恒定电压 U_0 形成稳恒电流场来模拟平行板电容器中的静电场.

3. 无限长均匀带电同轴电缆的静电场

无限长均匀带电同轴电缆在内芯与外层之间产生的静电场的电场强度为

$$E=\frac{\rho_l}{2\pi\varepsilon r},$$

式中,ε 为内芯与外层间电介质的电容率,r 为场点到中心轴之间的距离,ρ_l 为内芯的电荷线密度.如图 3.6.2 所示,若取同轴电缆外层的电势为零,则内芯与外层间任意一点的电势差为

$$U=\frac{\rho_l\ln\frac{r_2}{r}}{2\pi\varepsilon}.$$

由此可知内芯与外层的电势差 $U_0=\frac{\rho_l\ln\frac{r_2}{r_1}}{2\pi\varepsilon}$,故可以将电势差写为

$$U = U_0 \frac{\ln \dfrac{r_2}{r}}{\ln \dfrac{r_2}{r_1}}.$$

根据静电场与稳恒电流场各物理量的比拟关系,可以用如图 3.6.2(a)所示的装置来模拟带电同轴电缆的静电场. 由于系统沿竖直方向均匀,图 3.6.2(a)中的三维装置可以进一步抽象为图 3.6.2(b)所示的二维图形.

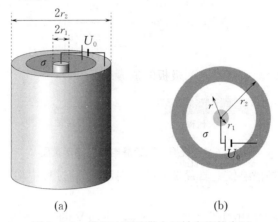

(a)　　　　　　　　　　(b)

图 3.6.2　模拟法测绘带电同轴电缆静电场

4. 电场线与等势线

电场线是为了直观形象地描述电场分布而在电场中引入的一些假想的曲线. 曲线上每一点的切线方向与该点的电场强度方向一致;曲线密集的地方电场强度大,稀疏的地方电场强度小. 等势线是电场中电势相等的各点连成的曲线(三维情况下电势相等的点连接形成曲面,称为等势面). 根据电势与电场强度的数学关系可知,电场线与等势线处处垂直,只要描绘出电场的等势线就可据此绘制出电场线.

3.6.4　实验内容

1. 了解模拟法静电场描绘仪

如图 3.6.3 所示,模拟法静电场描绘仪下方为待测电极板,与电源输出端连接,上方放置坐标纸. 探针分为上、下两部分,可同步移动. 探针与电压表连接,下探针通过与电极板接触而接入电路,用于寻找等电势点. 找到等电势点时按压探针,用上探针在坐标纸上记录该点位置.

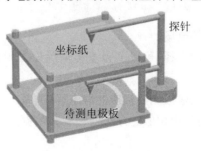

探针

坐标纸

待测电极板

图 3.6.3　模拟法静电场描绘仪

待测电极板的正、负极分别与电源正、负输出端连接,探针与电压表连接.电压表与电源负输出端同时接地(一般来说实验仪内部已连接好).

2. 测绘平行板电容器的静电场

(1)选取平行板电容器对应的电极板作为待测电极板,将其正、负极板分别与电源的正、负输出端连接.将探针与测量用的电压表连接,如图 3.6.4 所示.打开电源,将电源的输出电压调至 U_0.(U_0 尽可能大一些,且最好取整数,如 $U_0 = 10$ V).

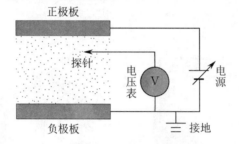

图 3.6.4 模拟法测绘静电场电路示意图

(2)在模拟法静电场描绘仪上放置坐标纸并固定(实验过程中切勿移动坐标纸),标定电极所在的位置.

(3)移动探针,分别测出电压为 1 V,3 V,5 V,7 V,9 V 的一系列等势点.这些等势点应比较均匀地覆盖尽可能大的待测电极板区域.对于同一个电势应至少取八个等势点,在电势变化剧烈的地方可以适当增加取点密度.

(4)用光滑的曲线将上一步得到的等势点连接起来,形成等势线,并标注电势值.

(5)根据等势线绘制电场线.

3. 测绘带电同轴电缆的静电场

方法同平行板电容器的静电场的测绘.

4. 用实验室提供的其他电极板测绘相应的静电场(选做)

方法同上.

3.6.5 数据处理

1. 测绘平行板电容器的静电场

在平行板的中间区域测量各等势线到负极板的距离,填入数据表 3.6.2,计算相应的理论值并进行比较.

2. 测绘带电同轴电缆的静电场

测量同轴电缆各等势线的半径(可以测量直径后除以 2 得到),填入数据表 3.6.3,计算相应的理论值并进行比较.

3. 用实验室提供的其他电极板测绘相应的静电场(选做)

参照前面的两项实验内容,用相似的方法处理实验数据.

3.6.6 注意事项

(1)注意正确连接电路.

(2) 实验过程中切忌移动坐标纸.

(3) 熟悉实验理论,有目的地(而非盲目地)寻找等势点.

〖思考题〗

1. 为什么在实验过程中要选取较大的电源输出电压?

2. 根据测绘所得等势线和电场线的分布,分析哪些地方电场强度较强,哪些地方电场强度较弱.

3. 所测平行板电容器电极板边缘处的电场是否是匀强电场? 为什么?

原始数据记录（实验 3.6）

表 3.6.2　平行板电容器静电场等势线位置分布

等势线 U/V		1	3	5	7	9
距负极板距离 z/cm	理论值					
	实验值					

表 3.6.3　同轴电缆静电场等势线位置分布

等势线 U/V		1	3	5	7	9
距轴心的距离 r/cm	理论值					
	实验值					

大学物理实验预习报告

实验项目**模拟法测绘静电场**

班别＿＿＿＿＿＿＿＿＿＿＿＿学号＿＿＿＿＿＿＿＿＿＿＿＿姓名＿＿＿＿＿＿＿＿＿＿＿＿

实验进行时间＿＿＿＿年＿＿＿＿月＿＿＿＿日,第＿＿＿＿周,星期＿＿＿＿,＿＿＿＿时至＿＿＿＿时

实验地点＿＿＿＿＿＿＿＿＿＿＿＿＿＿

实验目的：

实验原理简述：

实验中应注意事项：

实验 3.7　电表的改装与校准

电流表与电压表是常用的电学仪表,一般由电流计改装而成.电流计只能用于测量微弱的电流与电压.如果要测量较大的电流与电压,就需要对其进行改装,以扩大量程.为了确保改装后的电流表或电压表的准确性,实际使用时还需要先对其进行校准,标定等级.

3.7.1　实验目的

(1) 理解电表改装的基本原理.
(2) 了解电流计的内阻以及对改装表的影响.
(3) 掌握电流表、电压表的改装、校准、等级标定.

3.7.2　实验仪器

电流计、标准表、分流电阻、电压表等.

3.7.3　实验原理

1. 改装电流表

图 3.7.1 所示为改装电流表原理图.

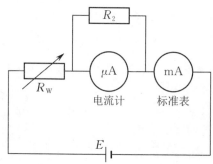

图 3.7.1　改装电流表原理图

电流计只允许通过微弱的电流,要将之改装为量程更大的电流表,则需要在电流计两端并联电阻来进行分流.用电阻 R_2 并联分流,设电流计的内阻为 R_g,满偏电流为 I_g.若要将之改装为量程为 I_{max} 的电流表,根据图 3.7.1 所示的电路图,有

$$(I_{max}-I_g)R_2=I_gR_g.$$

并联的分流电阻 R_2 的阻值应为

$$R_2=\frac{R_g}{\dfrac{I_{max}}{I_g}-1}.$$

改装所得电流表可用标准表进行校准.

2. 改装电压表

图 3.7.2 所示为改装电压表原理图.

电流计只能测量微弱的电压,要将之改装为量程更大的电压表,则需要在电流计所在支路串联电阻来进行分压.设电流计的内阻为 R_g,满偏电流为 I_g.若要将之改装为量程为 U_{max} 的电压表,根据图 3.7.2 所示的电路图,有

$$I_g(R_g+R_2)=U_{max}.$$

串联的分压电阻 R_2 的阻值应为

$$R_2=\frac{U_{max}}{I_g}-R_g.$$

改装所得电压表可用标准表进行校准.

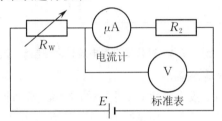

图 3.7.2　改装电压表原理图

3. 电流计内阻的测定

不论是改装电流表还是改装电压表,都要先确定电流计的内阻.常用的电流计内阻测量方法有以下两种.

1）半电流法

半电流法测量电流计内阻电路图如图 3.7.3 所示.首先,断开开关 S,调节电源电压 E 与可变电阻 R_w 的大小,使得电流计满偏,记录标准表读数 I.然后,接通开关 S,改变可变电阻箱 R_2 的阻值(同时调节 R_w 与 E 使标准表读数保持为 I)使电流计半偏,即通过电流计的电流为 $\frac{I}{2}$.此时通过电阻 R_2 的电流也为 $\frac{I}{2}$,同时电阻 R_2 与电流计两端电压相等,因此两者的电阻值相等.读出可变电阻箱 R_2 的阻值,即待测电流计的内阻.

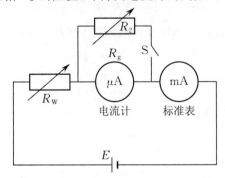

图 3.7.3　半电流法测量电流计内阻电路图

2）替代法

替代法测量电流计内阻电路图如图 3.7.4 所示.首先,将开关 S 拨至接通电流计所在支

路,调节 R_w 与 E 的大小,使电流计满偏,记录标准表读数 I. 然后,将开关 S 拨至接通可变电阻箱 R_2 所在支路,调节 R_2 的阻值,使标准表电流再次变为 I(此过程中不可再调节 R_w 与 E 的大小),此时 R_2 刚好替代电流计在电路中的作用,R_2 的阻值可被视为电流计的内阻.

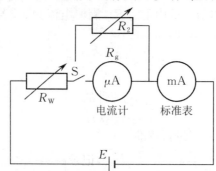

图 3. 7. 4　替代法测量电流计内阻电路图

4. 电表的校准和准确度等级确定

改装后的电表并不能马上投入使用,需要先对其校准. 所谓校准,就是使用改装后的电表与准确度更高的标准表同时测量某一电流(或电压),对测量结果进行比较的过程. 校准一般按照如下的步骤进行:

(1) 校准零点. 在电路没接通之前,检查改装后的电表和标准表是否都指零,若不指零,则调零.

(2) 校准量程. 接通电路,调节 R_w 与 E 的大小,使电表读数逐渐增大,观察改装后的电表与标准表是否同时达到满偏. 若不同时达到满偏,则微调电阻 R_2 的阻值,使其同时达到满偏.

(3) 校准其他刻度值.

调节 R_w 与 E 的大小,使两电表读数都逐渐增大,在改装后的电表达到整刻度 I_{xi}(或 U_{xi})时记录标准表的读数 $I_{ri,u}$(或 $U_{ri,u}$),直至最大刻度. 然后调节 R_w 与 E 的大小,使电表读数逐渐减小,在改装表达到整刻度时记录标准表的读数 $I_{ri,d}$(或 $U_{ri,d}$),直至零刻度. 这样各个刻度处电表的绝对误差 $\Delta I_{xi} = \left(I_{ri,u} + \dfrac{I_{ri,d}}{2} \right) - I_{xi}$ $\left[\text{或} \ \Delta U_{xi} = \left(U_{ri,u} + \dfrac{U_{ri,d}}{2} \right) - U_{xi} \right]$. 绘制 ΔI_x - I_x(或 ΔU_x - U_x),即为电表的校准曲线图(电流表校准曲线见图 3. 7. 5).

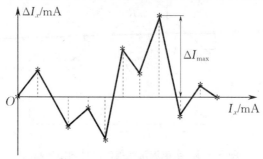

图 3. 7. 5　电流表校准曲线

电表校准后就可以标定等级了.选取校准过程中的最大绝对误差,除以电表的量程,再乘以 100,即可得到电表的准确度等级.按照国家标准,指针式电表一般分为 7 个准确度等级,即 0.1,0.2,0.5,1.0,1.5,2.5,5.0 共 7 个等级.如果计算得到的等级数不是这些数值,则在这些等级值中取一个更大的接近值.例如,若计算得到的等级数为 1.1,则改装表应被标定为 1.5 级.

3.7.4　实验内容

(1) 用半电流法或替代法测量待改装电流计的内阻.具体操作步骤参考实验原理.

(2) 并联分流电阻(阻值根据实验理论计算)改装量程为 5 mA(或其他自选量程)的电流表.

(3) 组装校准电路,校准改装所得的电流表,记录校准数据填入表 3.7.1.具体校准步骤参考实验原理.

(4) 串联分压电阻(阻值根据实验理论计算)改装量程为 5 V(或其他自选量程)的电压表.

(5) 组装校准电路,校准改装所得的电压表,记录校准数据填入表 3.7.2.具体校准步骤参考实验原理.

3.7.5　数据处理

(1) 根据校准数据(表 3.7.1 和表 3.7.2 中的数据)绘制校准曲线.

(2) 标定改装所得的电表的等级.

3.7.6　注意事项

(1) 实验过程中尽可能避免出现短路,以免损坏仪器.

(2) 实验过程中尽可能避免仪表(无论是电流计还是标准表)出现超量程的状况,以免损坏仪表.

思考题

1. 替代法测量内阻时一定要调整电流计满偏吗?不满偏有什么影响?

2. 还有哪些测量电流计内阻的方法?

3. 电阻 R_2 的阻值偏大或者偏小对改装后的电表量程有什么影响?

原始数据记录(实验 3.7)

表 3.7.1　电流表校准数据记录表

改装表读数 I/mA	标准表读数 I_r/mA			误差 $\Delta I = (I - I_r)$/mA
	增大	减小	平均	
0.0				
0.5				
1.0				
1.5				
2.0				
2.5				
3.0				
3.5				
4.0				
4.5				
5.0				

表 3.7.2　电压表校准数据记录表

改装表读数 U/V	标准表读数 U_r/V			误差 $\Delta U = (U - U_r)$/V
	增大	减小	平均	
0.0				
0.5				
1.0				
1.5				
2.0				
2.5				
3.0				
3.5				
4.0				
4.5				
5.0				

大学物理实验预习报告

实验项目<u>电表的改装与校准</u>

班别_____学号_____姓名_____

实验进行时间_____年_____月_____日,第_____周,星期_____,_____时至_____时

实验地点_____

实验目的:

实验原理简述:

实验中应注意事项:

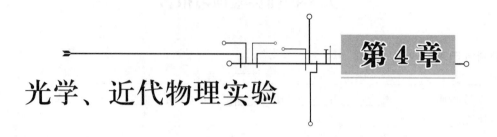

光学、近代物理实验

第4章

实验 4.1 分光计的应用

分光计又称测角仪,是一种可以精确测量光线角度的常用光学仪器. 在几何光学中,我们认为光在均匀介质中沿直线传播,在不同介质的界面处会发生反射与折射现象,改变传播方向. 几何光学的一项最主要的任务就是确定光线的方向(角度). 在波动光学中,许多现象也与光的角度有关,例如,衍射与干涉过程中,光强会随着观察角度而变化,在某些方向上出现极大值,又在某些方向上出现极小值. 借助分光计可以对光线角度进行定量测量,结合已知的物理规律,可以测定折射率、光栅常数、色散率等光学参量. 同时,分光计还是许多重要光学仪器(如棱镜光谱仪、光栅光谱仪、分光光度计、单色仪等)的组成部分,学会分光计的调整与使用是非常必要的.

4.1.1 实验目的

(1) 了解分光计的结构、各主要部分的功能与工作原理.
(2) 掌握分光计的调整与使用方法.
(3) 学会使用分光计测量棱镜的顶角、棱镜玻璃的折射率等光学参量.

4.1.2 实验仪器

分光计、双面反射镜、三棱镜、光栅、光源(一般用钠光灯,波长 $\lambda_0 = 589.3$ nm).

4.1.3 实验原理

1. 自准法测量三棱镜顶角

使用自准法测量三棱镜顶角,其光路图如图 4.1.1 所示. 当光线分别垂直照射三棱镜的 AB,AC 光学面时,反射光线将沿着原路返回. 若测得这两束光线之间的夹角 θ,根据几何关系,三棱镜顶角为

$$\alpha = 180° - \theta. \tag{4.1.1}$$

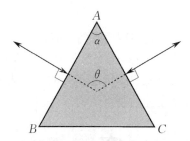

图 4.1.1　自准法测量三棱镜顶角

2. 反射法测量三棱镜顶角

使用反射法测量三棱镜顶角,其光路图如图 4.1.2 所示.用平行光束同时照射三棱镜的 AB 和 AC 面,两个面分别产生反射光线.若测得两束反射光线之间的夹角 θ,根据几何关系可以证明,三棱镜的顶角为

$$\alpha = \frac{\theta}{2}. \tag{4.1.2}$$

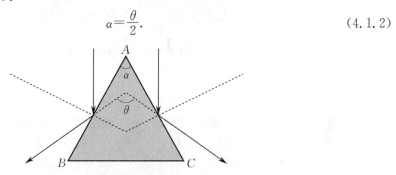

图 4.1.2　反射法测量三棱镜顶角

3. 三棱镜最小偏向角与折射率的计算

如图 4.1.3 所示,光线从三棱镜的 AB 面射入,经过三棱镜折射后从 AC 面射出,出射光线与入射光线存在一定的夹角 β,称为偏向角.几何光学理论表明,在入射角从 $0°$ 到 $90°$ 变化的过程中,偏向角存在极小值(最小偏向角).设最小偏向角为 $\beta_{\min}$,则

$$\frac{\sin\dfrac{\beta_{\min}+\alpha}{2}}{\sin\dfrac{\alpha}{2}} = n, \tag{4.1.3}$$

式中,α 为三棱镜的顶角,n 为三棱镜玻璃的折射率.理论还表明,最小偏向角对应的入射角 θ_i 与其出射角 θ_o 相等,且

$$\theta_i = \theta_o = \frac{\beta_{\min}+\alpha}{2}.$$

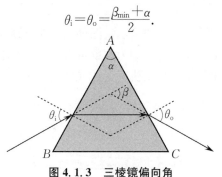

图 4.1.3　三棱镜偏向角

4. 分光计及其原理

分光计实物图如图 4.1.4 所示,它主要由平行光管(左)、望远镜(右)、载物台(中)与读数系统等几部分组成,可以用来测量光线的角度.光学中的许多参量(如棱镜顶角、材料的折射率、光波波长、光栅常数)都可以用与光线的角度有关的公式表示,光线的角度通过分光计直接或间接测量.图 4.1.5 所示为分光计的基本结构.

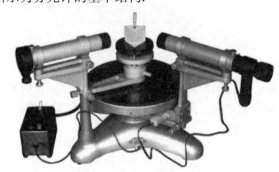

图 4.1.4　分光计实物图

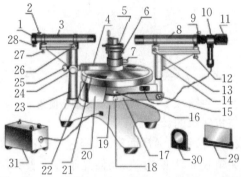

1—狭缝;2—狭缝锁紧螺钉;3—平行光管;4—制动架;5—载物台;6—载物台调平螺钉;7—载物台锁紧螺钉;8—望远镜;9—目镜锁紧螺钉;10—目镜;11—目镜调焦手轮;12—望远镜光轴俯仰调节螺钉;13—望远镜光轴水平调节螺钉;14—支臂;15—望远镜转动微调螺钉;16—转座与刻度盘制动螺钉;17—制动架;18—望远镜制动螺钉(背面);19—底座;20—转座;21—刻度盘;22—游标盘;23—支柱;24—游标盘微调螺钉;25—游标盘制动螺钉;26—平行光管光轴水平调节螺钉;27—平行光管光轴俯仰调节螺钉;28—狭缝宽度调节螺钉;29—光栅;30—双面反射镜;31—变压器(电源).

图 4.1.5　分光计的基本结构

1) 平行光管

平行光管的作用是产生平行光,其结构示意图如图 4.1.6 所示,管的一端装有会聚透镜,另一端装有套筒(可以前后移动),套筒一端为宽度可调的狭缝.改变狭缝和透镜之间的距离,当狭缝刚好位于透镜的焦平面上时,照在狭缝上的光经过透镜后将变为平行出射光.

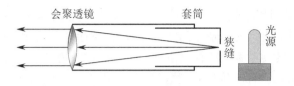

图 4.1.6　平行光管结构示意图

2) 望远镜

分光计的望远镜与转座相连,能够绕分光计中心轴转动,可以用来观察和确定光线的方向. 分光计所用的望远镜与一般的望远镜略有不同,除物镜、目镜外,还附带有分划板、照明小灯等部件,其结构如图 4.1.7 所示. 观察者可通过其目镜观察入射望远镜的光. 目镜前为分划板,分划板上一般刻有两条水平分划线(一条水平线上下平分望远镜视场,称之为"中央水平线";另一水平线位于中央水平线上方,下文中称之为"上水平线")和一条竖直分划线(与水平线正交,并左右平分望远镜视场). 在分划板靠近目镜的一侧的下方贴有一个全反射小棱镜,小棱镜紧贴分划板,分划板刻有一"+"字狭缝("+"字的横线与分划板的上水平线相对于中央水平线对称,竖线与竖直分划线重合),棱镜下方有照明小灯,用来照亮"+"字狭缝. 分划板前面为物镜,外部光线从这里进入望远镜. 目镜、分划板、物镜间的距离可以调节.

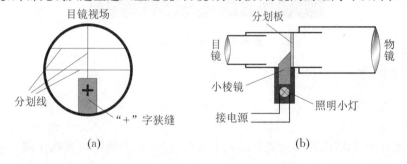

图 4.1.7　分光计望远镜结构示意图

3) 载物台

载物台(见图 4.1.8)可用来放置光学元件,如棱镜、平面镜、光栅等. 载物台下方有三颗调平螺钉,可调节载物台的倾斜度. 虽然这三颗螺钉一定程度上也可以调节载物台高度,但是一般不这样做. 如果需要调节载物台高度,只需要松开载物台锁紧螺钉,直接升降即可.

图 4.1.8　载物台示意图

4) 读数系统

分光计一般通过测量望远镜转过的角度来确定望远镜观察到的光线之间的夹角.

分光计的读数系统由两部分组成——主刻度盘与游标盘. 读数方法与游标卡尺类似,先读取主刻度盘的读数,再读取游标盘的读数,两者相加即为最终读数值(见图 4.1.9).需要注意,为了消除刻度盘与分光计转动轴之间的偏心差,在游标盘上设计了两个游标,测量时两个游标都参与读数.假设转动望远镜前根据游标 1 读出的读数为 T_1,根据游标 2 读出的读数为 T_2;望远镜转动之后根据游标 1 读出的读数为 T_1',根据游标 2 读出的读数为 T_2',则望远镜转过的角度为

$$\theta = \frac{|T_1 - T_1'| + |T_2 - T_2'|}{2}.$$

注意:如果在转动过程中某个游标经过了 360° 刻线(0° 刻线),则转动后的读数应视转动方向加上或减去 360°.

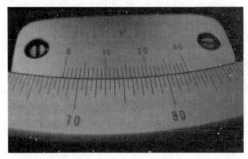

图 4.1.9 分光计读数

4.1.4 实验内容

1. 分光计的调整

1) 熟悉仪器、粗调

对照分光计的结构图,熟悉分光计的基本构造,以及各个螺钉与转轮在调节过程中所起的作用.

通过目测估计.分别调节望远镜与平行光管的俯仰调节螺钉,使两者大约水平.调节载物台的三颗调平螺钉,使载物台大约水平.最好使各个调节螺钉都位于其中间位置,为后续的调节留出足够的余地.

打开分光计电源,调节目镜到分划板的距离,看清分划板上的分划线和"+"字狭缝的亮线.将双面反射镜放置到载物台上,并与望远镜筒基本垂直,如图 4.1.10(a)所示.转动望远镜,寻找"+"字狭缝的反射像(可能很模糊).望远镜视场较小,此时在望远镜中有可能找不到"+"字狭缝的反射像,可用眼睛直接从望远镜旁观察,判断反射镜反射的"+"字像是偏高还是偏低,调节望远镜光轴俯仰调节螺钉与载物台调平螺钉 a,使"+"字像进入望远镜筒.将载物台转过 180°,重复前面的操作.反复调节,直到双面反射镜的两个面反射出来的"+"字像都能在望远镜中被观察到.

如图 4.1.10(b)所示,将双面反射镜转过 90° 放置,调节螺钉 b,c,也使得双面反射镜的正、反两面所反射的"+"字像都能在望远镜中被观察到.

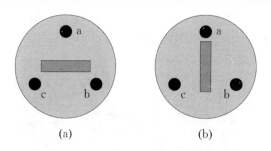

图 4.1.10　调整分光计时双面反射镜的放置方式

实际调节时,先观察"+"字像的成像位置.如果转动载物台,从双面反射镜正、反两面反射回来的"+"字像都位于镜筒的上侧(或下侧),则说明望远镜光轴倾斜,需要调节望远镜光轴俯仰调节螺钉,如图 4.1.11(a)所示;如果两面反射回来的"+"字像一次在镜筒的上方,另一次在下方,则说明载物台倾斜,需要调节载物台调平螺钉,如图 4.1.11(b)所示.

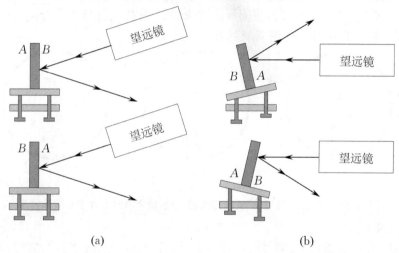

图 4.1.11　分光计调节原理图

2) 望远镜调焦于无限远

用自准法调整望远镜.通过望远镜找到反射的"+"字像,调节望远镜分划板到物镜的距离,使反射的"+"字成像清晰;移动眼睛,观察"+"字像与分划板上的刻线是否有相对位移(视差).若有视差,则反复调节目镜与分划板、分划板与物镜的距离,直到无视差.这时望远镜的分划板平面、物镜焦平面、目镜焦平面重合,望远镜聚焦于无穷远处,可用来观察平行光.

3) 调节望远镜光轴与分光计中心转轴垂直

如图 4.1.12 所示,在载物台上放置一个双面反射镜,当望远镜的光轴与分光计转轴垂直时,分划板处的"+"字狭缝经过物镜—平面镜—物镜所成的像将位于与其本身对称的位置(分划板的上水平分划线处).下面我们以此为据来调节望远镜光轴,使之与分光计转轴垂直.

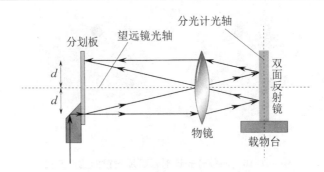

图 4.1.12　调节望远镜光轴与分光计转轴垂直时的光路图

一般来说载物台与望远镜都会存在一定程度的倾斜,可采用"减半逼近法"来调节(见图 4.1.13).先调节载物台调平螺钉,使"+"字像与分划板上水平线间距离缩小一半[见图 4.1.13(a)和图(b)],再调节望远镜光轴俯仰调节螺钉,使"+"字像与上水平线重合[见图 4.1.13(c)].载物台转过 180°后,用同样的方法调节.这样通过双面反射镜的正、反面多次反复调节,逐次逼近,即可较快达到调节要求.

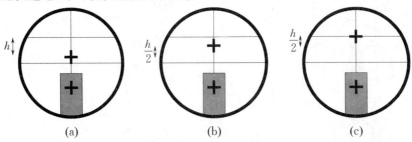

(a)　　　　　　　　　(b)　　　　　　　　　(c)

图 4.1.13　用"减半逼近法"调节望远镜光轴,使之与分光计中心转轴垂直

4) 平行光管调整

用光源照亮平行光管狭缝.通过已调好的望远镜正对着平行光管进行观察,调节平行光管狭缝与会聚透镜的距离,使反射的"+"字成像清晰;移动眼睛观察,当狭缝像与分划板无视差时,平行光管发出的光就是平行光.然后将平行光管狭缝转至水平方向(注意保持平行光管狭缝与会聚透镜的距离不变,若发生改变,则需要重新调节到成像清晰,无视差),调节平行光管光轴俯仰调节螺钉,使分划板中央水平分划线上下平分狭缝像.

至此,平行光管光轴与望远镜光轴重合,并均垂直于分光计转轴,分光计的调整完成.最后将平行光管狭缝转回到竖直方向(注意保持平行光管狭缝与会聚透镜的距离不变,若发生改变,则需要重新调节到成像清晰,无视差),以便后续测量.

2. 三棱镜顶角的测量

1) 放置并调整三棱镜

将待测三棱镜(实验中使用的三棱镜有两个光学面,标记为 AB 和 AC;另外一个面是毛玻璃面,标记为 BC)按图 4.1.14 所示的位置摆放到载物台上,细调载物台调平螺钉 a,使三棱镜的 AC 面反射的"+"字像位于分划板上水平线处;细调载物台调平螺钉 c,使三棱镜的 AB 面反射的"+"字像也位于分划板上水平线处.

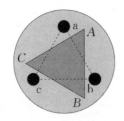

图 4. 1. 14 三棱镜的放置方式

2）用自准法或反射法测量三棱镜顶角

（1）自准法. 利用望远镜自身产生的平行光（"+"字）作为图 4.1.1 中的入射光来进行测量. 转动望远镜, 使得三棱镜的 AB 面反射的"+"字像的竖线与分划板竖直分划线重合（前面已经调过"+"字像的横线与分划板上的水平分划线重合, 所以此时"+"字像应与分划板上"+"字线重合）, 此时望远镜光轴（望远镜"+"字经过物镜形成的平行光）与三棱镜的 AB 面垂直, 对两个游标（分别编号为 1 和 2, 它们对应的读数值以各自的下标来区分）分别读数, 记为 $T_{1,AB}$, $T_{2,AB}$. 转动望远镜, 使三棱镜的 AC 面反射的"+"字像与分划板竖直分划线重合, 此时望远镜光轴与三棱镜的 AC 面垂直, 对两个游标分别读数, 记为 $T_{1,AC}$, $T_{2,AC}$. 重复测量多次, 将测量数据记入表 4.1.1.

（2）反射法. 利用平行光管产生的平行光作为图 4.1.2 中的入射光, 用望远镜观察经三棱镜反射的光线并进行测量. 打开光源（钠光灯一般需要预热约 10 min）, 转动游标盘（带动载物台及载物台上的三棱镜）使三棱镜顶角 A 对准平行光管, 使得平行光管产生的平行光可以同时照射到三棱镜的 AB 和 AC 面上. 转动望远镜寻找 AB 面反射的狭缝像, 使之与分划板竖直线重合, 对两个游标分别读数, 记为 $T_{1,AB}$, $T_{2,AB}$. 转动望远镜寻找 AC 面反射的狭缝像, 使之与分划板竖直线重合, 对两个游标分别读数, 记为 $T_{1,AC}$, $T_{2,AC}$. 重复测量多次, 将测量数据记入表 4.1.2.

3. 三棱镜最小偏向角的测量

转动游标盘, 使平行光管产生的平行光以合适的角度[可以根据式（4.1.3）估算, 光学玻璃的折射率介于 1.5～1.9 之间]照射三棱镜的 AB 面. 转动望远镜, 在三棱镜的 AC 面一侧寻找狭缝像. 向一个方向缓慢转动游标盘, 用望远镜跟踪狭缝像的移动. 当游标盘转动到某一位置后, 继续转动游标盘, 狭缝像开始向相反的方向移动, 该位置对应的角度即为三棱镜的最小偏向角, 记录此时两游标的读数 $T_{1,\min}$, $T_{2,\min}$. 取下三棱镜, 转动望远镜, 使其对准平行光管, 狭缝像与竖直分划线重合, 记录此时两游标的读数 $T_{1,0}$, $T_{2,0}$. 重复测量多次, 将测量数据记入表 4.1.3.

4.1.5 数据处理

1. 自准法测量三棱镜顶角

使用自准法测量时, 三棱镜顶角的计算公式为

$$\alpha = 180° - \frac{|T_{1,AC} - T_{1,AB}| + |T_{2,AC} - T_{2,AB}|}{2}.$$

2. 反射法测量三棱镜顶角

使用反射法测量时, 三棱镜顶角的计算公式为

$$\alpha = \frac{|T_{1,AC} - T_{1,AB}| + |T_{2,AC} - T_{2,AB}|}{4}.$$

3. 三棱镜最小偏向角测量

三棱镜最小偏向角的计算公式为

$$\beta_{\min} = \frac{|T_{1,0} - T_{1,\min}| + |T_{2,0} - T_{2,\min}|}{2}.$$

4.1.6 注意事项

（1）不要用手触摸任何光学元件的光学面,小心拿放三棱镜、反射镜等器件,防止打碎.

（2）分光计结构较为复杂,熟悉其结构,明白每个螺钉、转轮的作用后再开始做实验.

（3）分光计调整好后才能用于测量,调整时注意双面反射镜、三棱镜等器件在载物台上的放置位置,以及三个调平螺钉分别对载物台倾斜度的影响,不要乱放乱调.

（4）测量过程中转动望远镜前应确认各相关螺钉的状态,以保证其本身可以转动,与之相关的部件也随其一起正常转动（否则会造成读数错乱）.转动游标盘时亦然.

（5）测量过程中注意使用微调螺钉,提高实验准确度.

（6）锁紧各螺钉后再读数,避免读数过程中可能的不小心触碰引起的误差.

（7）记录数据时,如果某游标在转动过程中越过了零刻线,则视转动方向读数要加上或者减去360°.

（8）处理数据时要注意1°等于60′,而不是100′;计算三角函数值时要注意角度制与弧度制间的转换.

思考题

1.分光计的调整与使用过程中有哪些地方感觉比较困难,有什么改进建议?

2.实验过程中平行光从 AB 面射入,在 AC 面一定能观察到出射光吗?

3.为什么不将三棱镜的三个面都做成光学面?

原始数据记录（实验 4.1）

表 4.1.1　自准法测量三棱镜顶角数据记录表　　　　　（单位：____°____′）

测量次序	AB 面		AC 面		顶角 α
	$T_{1,AB}$	$T_{2,AB}$	$T_{1,AC}$	$T_{2,AC}$	
1					
2					
3					
平均值					

表 4.1.2　反射法测量三棱镜顶角数据记录表　　　　　（单位：____°____′）

测量次序	AB 面		AC 面		顶角 α
	$T_{1,AB}$	$T_{2,AB}$	$T_{1,AC}$	$T_{2,AC}$	
1					
2					
3					
平均值					

表 4.1.3　三棱镜最小偏向角测量数据记录表　　　　　（单位：____°____′）

测量次序	有三棱镜		无三棱镜		最小偏向角 β_{min}
	$T_{1,min}$	$T_{2,min}$	$T_{1,0}$	$T_{2,0}$	
1					
2					
3					
平均值					

大学物理实验预习报告

实验项目 **分光计的应用**

班别＿＿＿＿＿＿＿＿＿＿＿学号＿＿＿＿＿＿＿＿＿＿＿姓名＿＿＿＿＿＿＿＿＿＿＿

实验进行时间＿＿＿＿年＿＿＿＿月＿＿＿＿日,第＿＿＿＿周,星期＿＿＿＿,＿＿＿＿时至＿＿＿＿时

实验地点＿＿＿＿＿＿＿＿＿＿＿＿

实验目的：

实验原理简述：

实验中应注意事项：

实验 4.2　用透射光栅测光波波长及角色散率

光栅是一种光学性质（透射率、反射率等）在空间上周期性变化，可以利用多光束干涉（衍射）原理实现光谱分解（分光）的光学器件. 不同的光栅分光本领不同，角色散率可以用来描述光栅分光本领的大小. 此外，光栅也可以用来测量光波的波长.

4.2.1　实验目的

（1）加深对光栅衍射理论的理解.
（2）进一步掌握分光计的调整与使用方法.
（3）学会使用光栅衍射的方法测量光波的波长，学会测量光栅的角色散率.

4.2.2　实验仪器

分光计、透射光栅、汞灯等.

4.2.3　实验原理

光栅有反射光栅与透射光栅两大类. 反射光栅看起来类似一块反光板，使用时观察的是其反射光，所以光源与观察者位于光栅平面的同一侧. 透射光栅看起来类似一块透光玻璃板，使用时观察的是其透射光，所以光源与观察者分别位于光栅平面的两侧. 本实验中使用透射光栅.

透射光栅上刻制了大量等宽等距的平行线，刻线处的透射率与未刻线处的透射率不同，每条刻线都可以看作一条狭缝，当光照射到其上时会发生单缝衍射和多缝干涉. 如果用单色平行光垂直照射光栅，通过透镜聚焦后观察衍射光，如图 4.2.1 所示，那么根据夫琅禾费（Fraunhofer）衍射理论，衍射角 θ 满足光栅方程

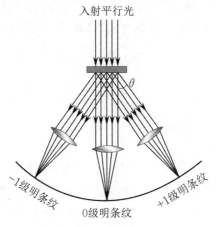

图 4.2.1　光栅衍射光谱示意图

$$d\sin\theta = k\lambda \quad (k=0,\pm1,\pm2,\cdots)$$

处将出现干涉明条纹,其中 λ 为入射光的波长,k 为明条纹的级数,d 为光栅常数(相邻两条刻线之间的距离).

　　若用复色平行光垂直照射光栅,则根据光栅方程,对于任何波长的光,$\theta=0$ 处都是零级明条纹(中央明条纹).但是对于其他明条纹,不同波长则对应不同的衍射角.于是复色光在空间中被分解成多种色光,这些分解后的色光排列起来构成一组谱线,称为光栅光谱.

　　若测量得到各条谱线对应的衍射角,并已知光栅常数,则根据光栅方程可以计算得到相应的光波波长;反过来,如果已知光波的波长,也可以根据光栅方程求得光栅常数.

　　光栅可以将不同波长的光分离开来,通常用角色散率 D 来描述光栅的分光本领,定义为单位波长间隔内两条单色谱线之间的角距离.根据光栅方程可得

$$D=\frac{\mathrm{d}\theta}{\mathrm{d}\lambda}=\frac{k}{d\cos\theta}.$$

由上式可知,角色散率与光栅常数成反比,与谱线级数成正比.光栅常数越小,角色散率越大;谱线级数越大,角色散率也越大.若测量得到 k 级谱线的衍射角,且已知光栅常数,则通过计算可以得到相应的角色散率.因为不同波长光的同一级明条纹对应的衍射角不同,所以同一光栅的同一级谱线对不同波长的光有不同的角色散率.

4.2.4　实验内容

1. 打开汞灯,调整分光计

调整方法见实验 4.1 分光计的应用.汞灯的几条主要谱线如表 4.2.1 所示.

表 4.2.1　汞灯的几条主要谱线

谱线	紫1	紫2	蓝	绿	黄1	黄2
波长/nm	404.656	407.783	435.833	546.074	576.960	579.066

注:(1)表中所列的某些谱线可能较弱而观察不到;(2)汞灯还有其他多条谱线,这里未列出来.

2. 放置并调整光栅

调整光栅平面与分光计转轴平行.按照图 4.2.2 所示的位置将光栅放置在分光计的载物台上,调节载物台调平螺钉 b 或 c,使光栅平面反射的"+"字像与分划板上水平线重合.

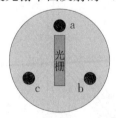

图 4.2.2　光栅放置位置示意图

调整光栅刻痕与分光计转轴平行.转动望远镜,观察光栅各级谱线的高度是否相同.如果相同,则光栅刻痕与分光计转轴平行;否则,调节载物台调平螺钉 a,使各级谱线的高度相同.

3. 测量

观察并记录不同谱线的第 ±1 级明条纹的衍射角方位 $\theta_{1+},\theta_{2+},\theta_{1-},\theta_{2-}$.重复测量多次,

将数据记入表 4.2.2.

若可以观察到高级次的条纹,则进行同样的测量.

4.2.5　数据处理

由于正、负第 1 级谱线之间的夹角等于衍射角的两倍,再考虑到分光计的读数方式,可得第 1 级光谱的衍射角为

$$\theta = \frac{|\theta_{1+} - \theta_{1-}| + |\theta_{2+} - \theta_{2-}|}{4}.$$

(1) 选取一条谱线,查表 4.2.1 得其波长,结合测量数据,计算光栅常数.

(2) 由这一光栅常数计算其他谱线的波长,并与表 4.2.1 中的标准值比较.

(3) 计算光栅对于各谱线的第 1 级明条纹的角色散率.

4.2.6　注意事项

(1) 汞灯紫外线较强,不要直视.

(2) 注意保护光栅,不要触摸其光学面(有刻痕的面).

思考题

1. 实验中是否可以观察到高级次的衍射条纹? 为什么?

2. 分光计的平行光管狭缝的宽度对本实验有没有影响?

原始数据记录（实验 4. 2）

表 4.2.2　光栅衍射数据记录表（±1 级谱线）　　　　　（单位：____ °____ ′）

谱线	测量次序	+1 级谱线		−1 级谱线		衍射角 θ
		衍射角方位 1：θ_{1+}	衍射角方位 2：θ_{2+}	衍射角方位 1：θ_{1-}	衍射角方位 2：θ_{2-}	
紫1	1					
	2					
	3					
紫2	1					
	2					
	3					
蓝	1					
	2					
	3					
绿	1					
	2					
	3					
黄1	1					
	2					
	3					
黄2	1					
	2					
	3					

大学物理实验预习报告

实验项目**用透射光栅测光波波长及角色散率**

班别＿＿＿＿＿＿＿＿＿＿＿学号＿＿＿＿＿＿＿＿＿＿＿姓名＿＿＿＿＿＿＿＿＿＿

实验进行时间＿＿＿＿年＿＿＿＿月＿＿＿＿日,第＿＿＿＿周,星期＿＿＿＿,＿＿＿＿时至＿＿＿＿时

实验地点＿＿＿＿＿＿＿＿＿＿＿

实验目的：

实验原理简述：

实验中应注意事项：

实验 4.3 等厚干涉测曲率半径

由同一光源发出的光,经过薄膜的上、下表面反射后会在上表面附近相遇时产生干涉,并且厚度相同的地方形成同一干涉条纹,这种干涉就叫作等厚干涉.牛顿环是等厚干涉的一个典型例子,是牛顿(Newton)在 1675 年首先观察到的.光的等厚干涉在生产实践中具有广泛的应用,它可用于检测透镜的曲率,精确测量微小的长度、厚度、角度,检验物体表面的光洁度、平整度等.本实验就是用牛顿环来测量透镜的曲率半径.

4.3.1 实验目的

(1) 观察光的等厚干涉现象,研究等厚干涉条纹的特点.
(2) 测量透镜的曲率半径.
(3) 通过实验熟悉读数显微镜的使用方法.
(4) 学习用逐差法处理实验数据.

4.3.2 实验仪器

牛顿环装置、读数显微镜、钠光灯.

牛顿环装置由平凸透镜和平板玻璃组成.

读数显微镜是用来测量微小距离或微小距离变化的仪器,其构造如图 4.3.1 所示.转动测微鼓轮 6,显微镜沿导轨做纵向移动.随测微鼓轮转动的刻度盘上有 100 个等分格,测微鼓轮转动一周,标尺 5 移动 1 mm.因此,测微鼓轮最小读数值是 0.01 mm,实际读数时还可以估读到千分位.

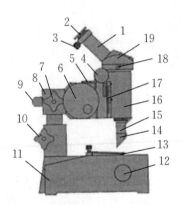

1—目镜接筒;2—目镜;3—锁紧螺钉;4—调焦手轮;5—标尺;6—测微鼓轮;7—锁紧手轮Ⅰ;8—接头轴;9—方轴;10—锁紧手轮Ⅱ;11—底座;12—反光镜旋轮;13—压片;14—半反镜组;15—物镜组;16—镜筒;17—刻尺;18—锁紧螺钉;19—棱镜室.

图 4.3.1 读数显微镜的构造示意图

读数显微镜的一般操作步骤如下:

(1) 将读数显微镜适当安装,对准待测物;

（2）调节显微镜的目镜，以清楚地看到叉丝（或标尺）；

（3）调节显微镜的聚集情况或移动整个仪器，使待测物成像清楚，并消除视差，即眼睛上下移动时，看到叉丝与待测物成的像之间无相对移动；

（4）先让叉丝对准待测物上一点（或一条线）A，记下读数；转动丝杆，对准另一点（或一条线）B，再记下读数，两次读数之差即为 AB 之间的距离. 注意两次读数时丝杆必须只向一个方向移动，以避免螺距差.

实验中采用钠光灯作为光源，取钠光灯波长为 589.3 nm.

4.3.3　实验原理

如图 4.3.2 所示，将一块曲率半径很大的平凸透镜放在一块平板玻璃上，在透镜的凸面和平板玻璃之间形成一个厚度从接触点向边缘逐渐增加的空气层. 当一束平行单色光垂直入射时，由空气层上、下表面反射的光将发生干涉，其干涉条纹是一组以接触点为圆心的明暗相间的同心圆环，如图 4.3.3 所示. 当入射光是复色光时，干涉条纹将是一组同心彩色圆环. 对于同级牛顿环，波长越短的光，其条纹越靠近中心.

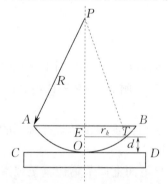

图 4.3.2　牛顿环干涉侧视图

图 4.3.3　牛顿环干涉条纹

如图 4.3.2 所示，T 点处的两相干光（近乎垂直入射，经过空气层上、下表面 AOB 和 CD 的反射光）的光程差为

$$\delta = 2d + \frac{\lambda}{2}, \tag{4.3.1}$$

式中，d 为空气薄膜的厚度，$\frac{\lambda}{2}$ 是光从光疏介质（空气）入射到光密介质（玻璃）时产生的半波损失.

实验中，暗条纹更容易确定. 假设 r_k 是第 k 级暗条纹的半径，根据几何关系有

$$R^2 = (R-d)^2 + r_k^2. \tag{4.3.2}$$

凸透镜的曲率半径 R 的大小为几米到十几米，而 d 的数量级为毫米，可以认为 $R \gg d$，d^2 相对于 $2Rd$ 是一个小量，可以忽略，所以式（4.3.2）可以简化为

$$r_k^2 \approx 2Rd. \tag{4.3.3}$$

形成明、暗条纹的条件分别为

$$\delta = 2d + \frac{\lambda}{2} = \begin{cases} k\lambda & (k=0,1,2,\cdots)，明条纹， \\ (2k+1)\frac{\lambda}{2} & (k=0,1,2,\cdots)，暗条纹. \end{cases} \tag{4.3.4}$$

可见,形成暗条纹时,

$$d=\frac{k\lambda}{2}.\tag{4.3.5}$$

将式(4.3.5)代入式(4.3.3),可以得到凸透镜曲率半径公式,即

$$R=\frac{r_k^2}{k\lambda}.\tag{4.3.6}$$

由于玻璃的弹性形变以及接触处磨损等因素,凸透镜和平板玻璃之间往往不是一个理想的点接触,且在接触处到底包含了几级条纹也难以得知,级数 k 无法确定,式(4.3.6)不能直接用于实验测量.在实验中,选择两个离中心较远的暗环,分别测出其暗环直径.假定 D_m 是牛顿环第 m 级暗环直径,D_n 是牛顿环第 n 级暗环直径,只要数出所测各环的环数差 $m-n$,而无须确定各环的干涉级数 k,就可以算出凸透镜的曲率半径,避免了圆环中心无法确定的困难.将两暗环直径代入式(4.3.6),可得

$$R=\frac{D_m^2-D_n^2}{4(m-n)\lambda}.\tag{4.3.7}$$

4.3.4　实验内容

1. 观察牛顿环的干涉图样

(1)打开钠光灯,预热 10 min.调整牛顿环装置,使得在自然光照射下能观察到牛顿环的干涉图样,并将干涉条纹的中心移动到牛顿环装置的中心附近.调整牛顿环装置,使牛顿环中心暗斑不要太大.

(2)把牛顿环装置置于读数显微镜的下方,使钠光灯光源与读数显微镜下的半反射镜等高.旋转半反射镜,直至目镜中能看到明亮均匀的光照.

(3)调节读数显微镜的目镜,使十字叉丝清晰;自下而上调节物镜直至观察到清晰的干涉图样.移动牛顿环装置,使中心暗斑位于视场中心,调节目镜系统,使叉丝横丝与读数显微镜的标尺平行,消除视差.平移读数显微镜,观察待测的各环是否都在读数显微镜的读数范围之内.

2. 测量牛顿环的直径

(1)选取要测量的暗环,两个暗环一组,共选取五组.确定所选取的暗环分别是要观察的第 m 级和第 n 级暗环,如读取 m 为 30,28,26,24,22,n 为 20,18,16,14,12.

(2)转动测微鼓轮.先使镜筒向左移动,顺序数到第 30 环;再向右转到第 30 环,尽量使叉丝对准干涉条纹的中心,记录读数.然后继续向右转动测微鼓轮,使叉丝依次与第 30,28,26,24,22,20,18,16,14,12 环对准,顺次记下读数;再继续转动测微鼓轮,使叉丝依次与圆心右侧第 12,14,16,18,20,22,24,26,28,30 环对准,顺次记下各环的读数.注意,在依次测量过程中,测微鼓轮应沿着一个方向旋转,中途不得反转,以免引起回程差.

(3)关闭钠光灯,收拾仪器.

4.3.5　数据处理

(1)将测量数据填入表 4.3.1 中,并进行相关计算.

(2)利用逐差法计算曲率半径 R 及其不确定度,写出测量结果.

4.3.6 注意事项

（1）调整牛顿环装置时，螺旋不能拧得过紧，以免压力过大引起透镜弹性形变.

（2）钠光灯点燃后等待一段时间（约 10 min）才能正常使用，实验过程中不要关闭钠光灯.

（3）仪器使用完毕后，将仪器归还原处，以免灰尘落入仪器. 各种光学零件勿随意拆动，以保证测量精度.

思考题

1. 实验中为什么测牛顿环的直径而不是半径？ 如何保证测出的是直径而不是弦长？ 若实际测量的是弦长，对测量结果会有什么影响？ 为什么？

2. 由于测微鼓轮的螺距总有间隙存在，当测微鼓轮刚开始反向旋转时会发生空转，从而引起读数误差，实验时应如何避免？

3. 为什么靠近中心处相邻两暗环（或亮环）之间的距离要比边缘的大？

4. 已知入射光波长 λ 与牛顿环的曲率半径 R，设计实验方案，测量某透明液体的折射率 n.

5. 试用最小二乘法处理数据，计算牛顿环的曲率半径 R.

原始数据记录（实验 4.3）

表 4.3.1　等厚干涉实验数据

暗环环数	读数显微镜		暗环直径/mm
	左方读数/mm	右方读数/mm	
30			
28			
26			
24			
22			
20			
18			
16			
14			
12			

大学物理实验预习报告

实验项目 **等厚干涉测曲率半径**

班别＿＿＿＿＿＿＿＿＿＿＿＿学号＿＿＿＿＿＿＿＿＿＿＿＿姓名＿＿＿＿＿＿＿＿＿＿＿＿

实验进行时间＿＿＿＿年＿＿＿＿月＿＿＿＿日，第＿＿＿＿周，星期＿＿＿＿，＿＿＿＿时至＿＿＿＿时

实验地点＿＿＿＿＿＿＿＿＿＿＿＿＿＿

实验目的：

实验原理简述：

实验中应注意事项：

实验 4.4　迈克尔孙干涉仪测量光波波长

迈克尔孙干涉仪是一种利用光的干涉原理精确测量微小长度的常用光学仪器. 从单一光源射出的光被分成两束, 在满足相干条件的情况下, 两束光重新会合, 从而形成干涉条纹. 通过观察干涉条纹, 可以对微小长度和物质折射率进行测量.

4.4.1　实验目的

(1) 了解迈克尔孙干涉仪的构造、测量原理.

(2) 掌握迈克尔孙干涉仪的使用方法, 观察迈克尔孙干涉仪产生的干涉条纹, 加深对光的波动性的理解.

(3) 学会测量波长的方法和使用逐差法处理数据.

4.4.2　实验仪器

迈克尔孙干涉仪、光源(钠光灯, 波长 $\lambda_0 = 589.3 \text{ nm}$)、遮光板、毛玻璃.

4.4.3　实验原理

1. 使用迈克尔孙干涉仪测量光波波长

迈克尔孙干涉仪的原理如图 4.4.1 所示. 从光源 S 发出的光经过分光板 G_1 (与反射镜 M_1 和 M_2 夹成 45°) 分成了两束, 其中光线 1 经过补偿板 G_2 到达反射镜 M_1, 经过 M_1 反射, 再次穿过 G_2, 到达 G_1, 经过 G_1 反射, 最终到达 P 点. 另一束光线 2 经过 G_1 反射到达反射镜 M_2, 经过 M_2 反射, 穿过 G_1 到达 P 点, 与光线 1 会合. 其中 G_2 是与分光板 G_1 具有相同厚度、倾角和折射率的玻璃板, 与 G_1 平行放置. 由于它的作用为补偿两路光线之间的光程差, 所以称为补偿板.

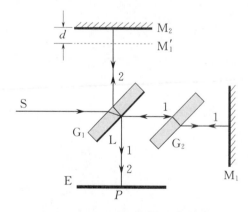

图 4.4.1　迈克尔孙干涉仪原理图

由于两束光是由同一光源发出的, 满足相干条件, 从而在 P 点处发生干涉, 出现干涉条纹.两束光的干涉情况可以看成由反射镜 M_2 与 M_1'(M_1 在 G_1 中的像)之间的薄膜产生的干涉.两束光的光程差由等效薄膜的厚度 d 决定.若改变等效薄膜的厚度 d(如改变 M_2 与 M_1' 的相对距离),则光程差发生改变,干涉条纹将发生移动.

若两个反射镜 M_1 与 M_2 严格垂直,则 M_1' 与 M_2 平行,根据几何关系可知,形成的等效薄膜干涉是等倾干涉,干涉条纹是一系列明、暗相间的同心圆环.根据薄膜干涉理论,薄膜上、下表面反射形成的光程差为

$$\delta = 2d\cos i,$$

式中,d 是等效薄膜的厚度(反射镜 M_1' 与 M_2 的垂直距离),i 是光线的入射角.相同入射角的光线,对应的光程差相同,形成了一系列等倾干涉的同心圆环.根据上式可知,条纹的粗细与两反射镜间的距离 d 有关(d 越小,相邻条纹之间对应的角度差越大,从而条纹越粗).进一步分析可知,改变等效薄膜厚度 d 时,条纹移动的个数 N 与等效薄膜厚度的变化 Δd 的关系为

$$2\Delta d\cos i = N\lambda,$$

式中,λ 为光波的波长.实验中只需数出圆环中心干涉条纹数的改变量("涌出"或"陷入"中心的圆环的个数),即取光的入射角 $i=0$.如果测出移动的条纹数目 N 和等效薄膜厚度的变化 Δd,那么就可以得出光波的波长

$$\lambda = \frac{2\Delta d}{N}.$$

2. 迈克尔孙干涉仪的结构

迈克尔孙干涉仪的结构如图 4.4.2 所示.

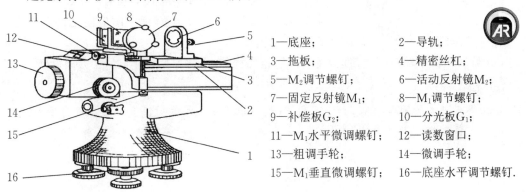

1—底座;	2—导轨;
3—拖板;	4—精密丝杠;
5—M_2调节螺钉;	6—活动反射镜M_2;
7—固定反射镜M_1;	8—M_1调节螺钉;
9—补偿板G_2;	10—分光板G_1;
11—M_1水平微调螺钉;	12—读数窗口;
13—粗调手轮;	14—微调手轮;
15—M_1垂直微调螺钉;	16—底座水平调节螺钉.

图 4.4.2　迈克尔孙干涉仪结构

4.4.4　实验内容

1. 仪器的调整

(1) 点亮钠光灯,使之照射毛玻璃屏,形成均匀的扩展光源,在屏幕 E 上加一个带有"1"字形狭缝的遮光板.

(2) 旋转粗调手轮,使 M_1 和 M_2 到 G_1 镀膜面的距离大致相等,从 P 点方向观察,将看到"1"字的双像.

(3) 仔细调节 M_1 和 M_2 背后的三个螺钉,改变 M_1 和 M_2 的相对方位,直到双像在水平方向和竖直方向均完全重合,这时可观察到干涉条纹.仔细调节三个螺钉,使干涉条纹成

圆形.

(4) 细致、缓慢地调节 M_2 下方的两个微调拉杆螺钉,使干涉条纹的中心仅随着观察者的眼睛移动而移动,但不发生条纹的"涌出"或"陷入"现象.这时观察到的条纹才是严格的等倾干涉.

2. 测量钠光波长

(1) 旋转粗调手轮,使 M_2 移动,观察条纹的变化,从条纹的"涌出"或"陷入"判断等效薄膜厚度 d 的变化,并观察 d 的取值与条纹粗细、疏密的关系.

(2) 当视场中出现清晰的、对比度好的干涉圆环时,再慢慢地转动微调手轮,可以观察到视场中心条纹一个一个地向外涌出(或者向内陷入).开始计数时,记录 M_2 镜的位置 d_1(主尺读数+两读数盘读数),继续转动微调手轮,数到从中心向外涌出或者陷入 50 个条纹时,停止转动微调手轮,再记录 M_2 镜的位置 d_2,继续转动微调手轮,直到涌出或者陷入第 100 个条纹,记录 d_3,一直记到涌出或者陷入第 450 个条纹时 M_2 镜的位置,把数据填入表 4.4.1 中.使用逐差法处理数据,计算钠光波长,与理论值比较.

4.4.5 数据处理

按照表 4.4.1 中的原始数据,完成数据处理.

4.4.6 注意事项

(1) 注意防尘、防潮、防震;不能触摸元件的光学面,不要对着仪器说话、咳嗽.

(2) 实验前和实验结束后,所有调节螺钉均应处于放松状态,调节时应使之处于中间状态,以便有双向调节的余地,调节动作要均匀缓慢.

(3) 旋转微调手轮进行测量时,特别要防止回程差(手轮要始终往同一个方向旋转).

思考题

1. 如果干涉条纹间距很窄,对比不明显,如何把干涉条纹的对比度调整得更为清晰?

2. 为了得到钠光干涉条纹,为什么一定要把两束光的光程差调整得大致相等?

原始数据记录（实验 4.4）

表 4.4.1　利用迈克尔孙干涉仪测钠光波长

条纹数	坐标 x/mm	条纹数	坐标 x/mm	$\Delta d_i = \|d_{i+5} - d_i\|$/mm	计算波长
第 0 条	$d_1 =$	第 250 条	$d_6 =$	$\Delta d_1 = \|d_6 - d_1\| =$	$\Delta \bar{d} = \dfrac{\sum\limits_{i=1}^{5} \Delta d_i}{5} =$
第 50 条	$d_2 =$	第 300 条	$d_7 =$	$\Delta d_2 = \|d_7 - d_2\| =$	
第 100 条	$d_3 =$	第 350 条	$d_8 =$	$\Delta d_3 = \|d_8 - d_3\| =$	
第 150 条	$d_4 =$	第 400 条	$d_9 =$	$\Delta d_4 = \|d_9 - d_4\| =$	$\lambda = \dfrac{2\Delta \bar{d}}{N}\,(N=50) =$
第 200 条	$d_5 =$	第 450 条	$d_{10} =$	$\Delta d_5 = \|d_{10} - d_5\| =$	

大学物理实验预习报告

实验项目 **迈克尔孙干涉仪测量光波波长**

班别_____学号_____姓名_____

实验进行时间_____年_____月_____日,第_____周,星期_____,_____时至_____时

实验地点_____

实验目的:

实验原理简述:

实验中应注意事项:

实验 4.5　衍射光强的测量

平行光束通过单缝、多缝或圆孔等障碍时发生的衍射现象叫作夫琅禾费衍射. 通过对衍射光强的测量, 可以使学生对光的波动性和衍射现象的认识更加深入.

4.5.1　实验目的

(1) 掌握夫琅禾费衍射的原理、光强分布的测量方法.

(2) 观察衍射光强分布的特点, 加深对衍射现象的理解.

(3) 学会使用作图法处理数据.

4.5.2　实验仪器

氦氖激光器、激光电源、衍射单缝、光电探头、光功率计、白屏、二维调节滑动座、移动测量架、光学导轨.

1. 氦氖激光器

氦氖激光器是以中性原子气体氦和氖作为工作物质的气体激光器. 以连续激励方式输出连续激光. 在可见光和近红外区主要有 $0.632\,8\ \mu m$, $3.39\ \mu m$ 和 $1.15\ \mu m$ 三条谱线, 其中 $0.632\,8\ \mu m$ 的红光最常用. 氦氖激光器的输出功率一般为几毫瓦到几百毫瓦. 本实验中使用 $0.632\,8\ \mu m$ 的红光进行实验.

2. 衍射单缝

衍射单缝是基本光学实验之一, 其单缝的宽度可调, 可以在光具座上移动.

3. 光电探头

光电探头由硅光电探测器、衰减片和固定支架组成, 用于测量光强, 探测波长范围为 $200\sim1\,050$ nm.

4. 光功率计

光功率计与光电传感器连接, 可测量光功率. 测量前应先将光功率计调零.

5. 移动测量架

移动测量架主要结构是一个百分鼓轮控制精密丝杠, 使一个可调狭缝往复移动, 并由指针在直尺上指示狭缝的位置, 狭缝前后分别有进光管和安装光电探头的圆套筒. 鼓轮转动一周, 单缝移动 1 mm, 因此鼓轮转动一个小格, 单缝(连同光电探头)只移动 0.01 mm.

4.5.3　实验原理

1. 单缝夫琅禾费衍射

单缝夫琅禾费衍射原理图如图 4.5.1 所示. 从单色光源 S 发出的光经过凸透镜折射成平行光, 照射在缝宽为 a 的单缝上. 在单缝后衍射角为 θ 的平行光通过透镜 L 最终会聚在透镜的焦平面上一点 P 处. 根据光的衍射理论, 由于光程差的不同, 在接收屏 E 上形成了明、暗相间的衍射条纹.

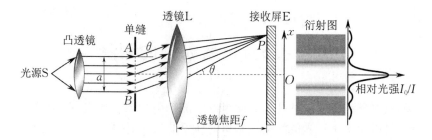

图 4.5.1　单缝夫琅禾费衍射原理图

根据衍射理论,衍射光在屏幕上的光强分布为

$$I = I_0 \left(\frac{\sin u}{u} \right)^2,$$

式中,$u = \frac{\pi a}{\lambda} \sin \theta$,$I_0$ 是衍射条纹中心处的光强,λ 是单色光的波长. 由上式可知,形成暗纹时,有 $I = 0$,即 $u = k\pi$,从而可得

$$a \sin \theta = \pm k\lambda \quad (k = 1, 2, 3, \cdots).$$

可见,暗条纹以中央明条纹为中心,两侧等距分布.

中央明条纹两侧其他级明条纹分别处于 $\sin \theta = \pm 1.43 \frac{\lambda}{a}, \pm 2.46 \frac{\lambda}{a}, \pm 3.47 \frac{\lambda}{a}, \cdots$ 的位置,其强度与 I_0 的比值分别为 $\frac{I_1}{I_0} = 0.047, \frac{I_2}{I_0} = 0.017, \frac{I_3}{I_0} = 0.008, \cdots$

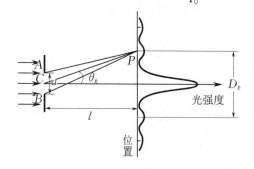

图 4.5.2　夫琅禾费衍射的条件

发散角很小的激光束可以直接用作单缝的入射光束;另一方面,若接收屏与单缝之间的距离 l 足够远,以致 AP 与 CP 之差远小于 λ(见图 4.5.2),也可以满足产生夫琅禾费衍射的条件,即若

$$AP - CP \ll \lambda,$$

则有

$$\sqrt{l^2 + \frac{a^2}{4}} - l \ll \lambda.$$

因为 $l \gg a$,所以

$$\sqrt{l^2 + \frac{a^2}{4}} - l \approx l \left(1 + \frac{a^2}{8l^2} \right) - l = \frac{a^2}{8l} \ll \lambda \Rightarrow \frac{a^2}{8l\lambda} \ll 1.$$

如果取 $l = 1$ m,$a = 10^{-4}$ m,$\lambda = 6.3 \times 10^{-7}$ m,则 $\frac{a^2}{8l\lambda} \approx 2.5 \times 10^{-3} \ll 1$,能满足上述条件. 因此图 4.5.1 中的透镜 L 可以省去. 设衍射条纹距中心的距离为 x,可得

$$\tan \theta = \frac{x}{f},$$

式中,f 是透镜的焦距(实际实验中可以认为是单缝到接收屏之间的距离). 通过以上公式,可以得到衍射光强与其距中心点的距离之间的关系,即 I-x 的关系(见图 4.5.3).

2. 通过衍射光强的分布测量单缝的宽度 a

根据衍射原理可知,单缝的宽度 a 与中央明条纹的宽度 Δx 之间的关系为

$$a = f \frac{\lambda}{\Delta x}.$$

在得到 I-x 曲线之后,可以通过第 1 级暗纹的位置得到中央明条纹的宽度.

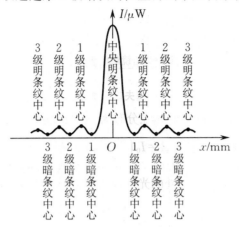

图 4.5.3 衍射光强度分布

4.5.4 实验内容

(1) 按照图 4.5.4,在光学导轨上依次安装光学元件,用目测的方式进行粗调,使各光学元件同轴.

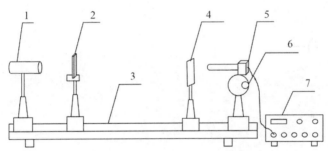

1—氦氖激光器;2—衍射单缝;3—光学导轨;4—白屏;5—光电探头;6—移动测量架;7—光功率计.

图 4.5.4 实验光路示意图

(2) 将激光光源与单缝之间的距离以及单缝与探测器之间的距离均调整为 50 cm 左右. 将接收屏置于探测器之前,调整二维调节架,选择所需的单缝宽度(大约为 0.1 mm),观察接收屏上的衍射条纹. 调整出一个图像清晰、对称、条纹宽度适当的单缝衍射条纹.

(3) 使用光传感器测量各级明条纹中心的位置及光强,把数据填入表 4.5.1 中.

4.5.5 数据处理

(1) 根据测得的数据在一张毫米方格纸上画出光强与被测点到中央明条纹中心的距离 x 的函数关系曲线.

(2) 从图中找出极大值和极小值的位置,以及各极大值对应的光强值,列出表格,并与理论计算的位置和该位置处的光强进行比较.

4.5.6　注意事项

(1) 光传感器的正、负极不允许错接.

(2) 光电流放大器要选择合适的量程.

(3) 在测量时,旋转手轮时避免回程差.

(4) 数据点的密度要适当(尽量使绘制的曲线光滑).

【思考题】

1. 单缝的宽度增加一倍或者减少 $\frac{1}{2}$,衍射条纹的间距将如何变化?

2. 夫琅禾费衍射需要满足哪些条件?

3. 如果入射光与单缝所在的平面不垂直,则中央明条纹如何移动?

原始数据记录(实验 4.5)

表 4.5.1　使用光传感器测量各级明条纹中心的位置坐标 x 及光强 I

坐标 x/mm	光强 I	坐标 x/mm	光强 I	坐标 x/mm	光强 I	坐标 x/mm	光强 I

表 4.5.2　I-x 图形分析

项目	极大值			极小值	
级次	0	1	2	1	2
坐标/mm					
光强 I					

大学物理实验预习报告

实验项目 <u>衍射光强的测量</u>

班别＿＿＿＿＿＿＿＿＿＿＿＿＿学号＿＿＿＿＿＿＿＿＿＿＿＿＿姓名＿＿＿＿＿＿＿＿＿＿＿＿＿

实验进行时间＿＿＿＿＿年＿＿＿＿＿月＿＿＿＿＿日,第＿＿＿＿＿周,星期＿＿＿＿＿,＿＿＿＿＿时至＿＿＿＿＿时

实验地点＿＿＿＿＿＿＿＿＿＿＿＿＿

实验目的：

实验原理简述：

实验中应注意事项：

实验 4.6　光电效应和普朗克常量的测定

光电效应是指,当一定频率的光照射在金属表面时,金属表面有电子逸出的现象.光电效应实验对于认识光的本质及早期量子理论的发展有里程碑式的意义(详见附录).

4.6.1　实验目的

(1) 了解光电效应的规律,加深对光的量子性的理解.
(2) 测量普朗克常量 h.
(3) 测量同一频率、不同光强时光电管的伏安特性曲线.
(4) 测量不同频率时光电管的伏安特性曲线.

4.6.2　实验仪器

ZKY-GD-4 光电效应(普朗克常量)实验仪(主机)、汞灯电源、汞灯及光电管组件等.

4.6.3　实验原理

光电效应实验原理图如图 4.6.1 所示.入射光照射到光电管阴极 K 上,产生的光电子在电场的作用下向阳极 A 迁移,形成光电流,改变外加电压 U_{AK},测量光电流 I 的大小及其变化情况,即可获得光电管的伏安特性曲线.

光电效应的基本实验现象如下:

(1) 对于同一频率、不同光强的入射光,光电管的伏安特性曲线如图 4.6.2 所示.从图中可见,当外加电压 U_{AK} 低于某一特定的截止电压 U_0 时,电流为零,即截止电压产生的电势能完全抵消从金属表面逸出的电子的动能.

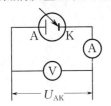

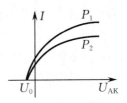

图 4.6.1　光电效应实验原理图　　　**图 4.6.2　同一频率、不同光强的入射光,光电管的伏安特性曲线**

(2) 当 $U_{AK} \geqslant U_0$ 时,电势能不足以抵消逸出电子的动能,从而在与之相连的电路上产生电流 I.随着外加电压 U_{AK} 的增加,I 迅速增加,然后趋于饱和.饱和光电流 I_M 的大小与入射光的光强 P 成正比.

(3) 对于不同频率的入射光,金属表面逸出电子的动能不同.入射光频率越高,逸出电子的能量也越高,所以截止电压的值也越高,如图 4.6.3 所示.

(4) 作截止电压 U_0 与频率 ν 的关系图,如图 4.6.4 所示.可见 U_0 与 ν 成正比.显然,当入射光频率低于某极限值 ν_0(ν_0 随不同金属而异)时,不论光强如何,照射时间多长,都没有光电流产生.

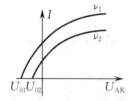
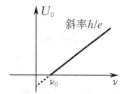

图 4.6.3　不同频率的入射光,光电管的伏安特性曲线　　**图 4.6.4　截止电压 U_0 与入射光频率 ν 的关系图**

(5) 光电效应是瞬时效应. 即使入射光的强度非常微弱,只要频率大于 ν_0,在开始照射时就有光电子产生,所经过的时间至多为 10^{-9} s 数量级.

说明:实际实验中,当 $U_{AK}<U_0$ 时反向电流并不为零. 图 4.6.2 和图 4.6.3 中没有小于零的电流,是因为反向电流极小,仅为 $10^{-13}\sim10^{-14}$ 数量级,坐标上反映不出来.

按照爱因斯坦(Einstein)的光量子理论,光能并不像电磁波那样分布在波阵面上,而是集中在被称为光子的微粒上. 但这种微粒仍然保持着频率(或波长)的性质,频率为 ν 的光子具有能量 $E=h\nu$,h 为普朗克常量. 当光子照射到金属表面上时,其能量立即被金属中的电子全部吸收,而无须积累能量的时间. 电子把这些能量的一部分用来克服金属表面对它的束缚力从而逸出,余下的就变为电子离开金属表面后的动能. 根据能量守恒定律,爱因斯坦提出了著名的光电效应方程

$$h\nu=\frac{1}{2}mv_0^2+A,\qquad\qquad(4.6.1)$$

式中,A 为金属的功函数,$\frac{1}{2}mv_0^2$ 为光电子获得的最大初动能,m 为光电子的质量.

由式(4.6.1)可见,入射到金属表面的光频率越高,逸出的电子动能越大. 即使阳极电势比阴极电势略低,也会有电子落入阳极形成光电流,直至阳极电势低于截止电压,光电流才为零,此时有

$$eU_0=\frac{1}{2}mv_0^2.\qquad\qquad(4.6.2)$$

阳极电势高于截止电压后,随着阳极电势的升高,阳极对阴极发射的电子的收集作用也逐渐变强,光电流随之上升;当阳极电势高到一定程度,已把阴极发射的光电子几乎全部收集到阳极,再增加 U_{AK},I 不再变化,光电流出现饱和. 对同一频率的入射光而言,光强 P 越大,光子数越多,单位时间内从阴极逸出的电子数越多,因此,饱和光电流 I_M 的大小与入射光的光强 P 成正比.

当光子的能量 $h\nu<A$ 时,电子不能脱离金属,因而没有光电流产生. 产生光电效应的最低频率(截止频率)$\nu_0=\dfrac{A}{h}$.

将式(4.6.2)代入式(4.6.1),可得

$$eU_0=h\nu-A.\qquad\qquad(4.6.3)$$

式(4.6.3)表明,截止电压 U_0 是频率 ν 的线性函数,斜率 $k=\dfrac{h}{e}$. 只要用实验方法得出不同的频率对应的截止电压,求出斜率,就可算出普朗克常量 h.

爱因斯坦的光量子理论成功地解释了光电效应.

4.6.4　实验内容

1. 了解 ZKY-GD-4 光电效应（普朗克常量）实验仪

ZKY-GD-4 光电效应（普朗克常量）实验仪由电源、汞灯、滤色片、光阑、光电管、基座、主机构成，其结构示意图如图 4.6.5 所示，实验仪面板如图 4.6.6 所示。实验仪有手动和自动两种工作模式，具有数据自动采集、存储、实时显示采集数据、动态显示采集曲线（连接普通示波器，可同时显示 5 个存储区中存储的曲线），以及采集完成后查询数据的功能。

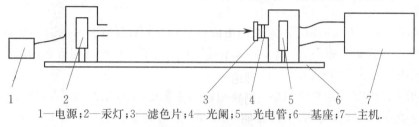

1—电源；2—汞灯；3—滤色片；4—光阑；5—光电管；6—基座；7—主机.

图 4.6.5　结构示意图

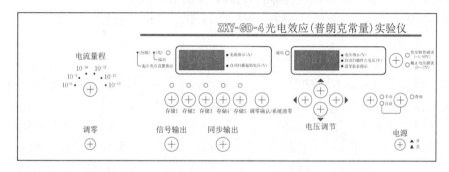

图 4.6.6　ZKY-GD-4 光电效应（普朗克常量）实验仪面板

2. 测试前准备

（1）将实验仪和汞灯的电源接通，汞灯及光电管暗盒的遮光盖盖上，预热 20 min.

（2）将汞灯暗盒的光输出口对准光电管暗盒的光输入口，调整光电管与汞灯距离为约 40 cm 并保持不变.

（3）用专用连接线将光电管暗盒的电压输入端与实验仪的电压输出端（在后面板上）连接起来（红—红，蓝—蓝）.

（4）调零. 将"电流量程"选择开关拨至 10^{-13} A 挡. 在充分预热后，进行测试前调零. 实验仪在开机或改变电流量程后都会自动进入调零状态. 此时电压指示为四条横杠"————". 旋转"调零"旋钮，使电流指示为零. 调节好后，用高频匹配电缆将光电管暗盒的电流输出端与实验仪的微电流输入端连接起来，按"调零确认/系统清零"键，系统进入测试状态.

3. 测普朗克常量 h

进行测定普朗克常量 h 实验时，"伏安特性测试/截止电压测试"状态键应转换为"截止电压测试"状态，"电流量程"选择开关应拨至 10^{-13} A 挡，并进行调零操作.

将直径为 4 mm 的光阑及所选谱线的滤色片装在光电管暗盒的光输入口上. 由式（4.6.3）可知，截止电压 U_0 是频率 ν 的线性函数. 只要使用滤色片，就能够得到不同波长（频率）的单色光. 依次换上波长为 365.0 nm, 404.7 nm, 435.8 nm, 546.1 nm, 577.0 nm 的滤色片, 测量每一频率的单色光照射时对应的截止电压 U_0, 填入表 4.6.1 中. 再根据表 4.6.1 中的数据在坐标纸上画图. 根据所画出的直线确定其斜率, 由斜率 $k=\dfrac{h}{e}$ 就可算出普朗克常量 h.

1) 手动测量

将"手动/自动"模式键拨至手动模式.

将直径为 4 mm 的光阑及波长为 365.0 nm 的滤色片装在光电管暗盒的光输入口上, 打开汞灯遮光盖.

此时电压表显示 U_{AK} 的值, 单位为 V; 电流表显示与 U_{AK} 对应的电流值 I, 单位为所选择的电流量程. 用电压调节键 →, ←, ↑, ↓ 键可调节 U_{AK} 的值, →, ← 键用于选择数位, ↑, ↓ 键用于调节该数位上的数的大小.

从低到高调节电压 (绝对值减小), 观察电流值的变化, 寻找电流为零时对应的 U_{AK}, 以其绝对值作为该波长的入射光对应的截止电压 U_0 的值, 并将数据记于表 4.6.1 中. 为尽快找到 U_0 的值, 调节时应从高数位到低数位, 先确定高数位的值, 再顺次往低数位调节.

依次换上波长为 404.7 nm, 435.8 nm, 546.1 nm, 577.0 nm 的滤色片, 重复以上测量步骤.

2) 自动测量

将"手动/自动"模式键切换到自动模式.

此时电流表左边的指示灯闪烁, 表示系统处于自动测量扫描范围设置状态, 用电压调节键可设置扫描起始和终止电压.

对各条谱线, 建议扫描范围大致设置为 365.0 nm: −1.90～−1.50 V; 404.7 nm: −1.60～−1.20 V; 435.8 nm: −1.35～−0.95 V; 546.1 nm: −0.80～−0.40 V; 577.0 nm: −0.65～−0.25 V.

实验仪设有 5 个数据存储区, 每个存储区可存储 500 组数据, 并由指示灯表示其状态. 灯亮表示该存储区已存有数据, 灯不亮为空存储区, 灯闪烁表示系统预选的或正在存储数据的存储区.

设置好扫描起始和终止电压后, 按下相应的存储区按键, 实验仪将先清除存储区原有数据, 等待约 30 s, 再按 4 mV 的步长自动扫描, 并显示、存储相应的电压和电流值.

扫描完成后, 实验仪自动进入数据查询状态, 此时查询指示灯亮, 显示区显示扫描起始电压和相应的电流值. 用电压调节键改变电压值, 就可查阅在测试过程中扫描电压为当前显示值时相应的电流值. 读取电流为零时对应的 U_{AK}, 以其绝对值作为该波长对应的 U_0 值, 并将数据记于表 4.6.1 中.

按"查询"键, 查询指示灯灭, 系统回复到扫描范围设置状态, 可进行下一次测量.

在自动测量过程中或测量完成后, 按"手动/自动"键, 系统回到手动测量模式, 模式转换前工作的存储区内的数据将被清除.

若实验仪与示波器连接, 则可观察到 U_{AK} 为负值时各谱线在选定的扫描范围内的伏安特性曲线.

4. 测光电管的伏安特性曲线

测量光电管的伏安特性曲线时, "伏安特性测试/截止电压测试"状态键应为"伏安特性测试"状态,"电流量程"选择开关应拨至 10^{-10} A 挡,并重新调零. 将直径为 4 mm 的光阑及所选谱线的滤色片(建议选波长为 546.1 nm 的滤色片)装在光电管暗盒的光输入口上.

1) 入射光频率不变时,不同光强对应的光电管的伏安特性曲线测定

实验过程中滤色片不变,通过改变光电管暗箱与光源出光孔之间的距离,达到改变入射光光强的目的. 测伏安特性曲线可选用手动或自动模式,测量的范围为 $-1.0 \sim 50.0$ V,自动测量时步长为 1.0 V. 实验仪的功能及使用方法如前所述.

(1) 将光电管暗箱靠近光源,测量光强较大时光电管的伏安特性曲线,将 U_{AK} 及所测得的 I 的数据记入表 4.6.2,在坐标纸上作光强较大时的伏安特性曲线.

(2) 将光电管暗箱远离光源,测量光强较小时光电管的伏安特性曲线,将 U_{AK} 及所测得的 I 的数据记入表 4.6.2,在坐标纸上作光强较小时的伏安特性曲线.

2) 入射光频率不同时光电管的伏安特性曲线测定

实验过程中通过改变滤色片(波长为 404.7 nm 和 546.1 nm)来改变入射光的频率,从而达到改变光强的实验目的. 测伏安特性曲线可选用手动或自动模式,测量的范围为 $-1.0 \sim 50.0$ V,自动测量时步长为 1.0 V,实验仪的功能及使用方法如前所述.

(1) 在光电管暗箱的光输入口套上波长为 404.7 nm 的滤色片,测量入射光入射时光电管的伏安特性曲线,将 U_{AK} 及所测得的 I 的数据记入表 4.6.3,在坐标纸上作伏安特性曲线.

(2) 在光电管暗箱的光输入口套上波长为 546.1 nm 的滤色片,测量入射光入射时光电管的伏安特性曲线,将 U_{AK} 及所测得的 I 的数据记入表 4.6.3,在坐标纸上作伏安特性曲线.

4.6.5　数据处理

(1) 由表 4.6.1 的实验数据,作截止电压 U_0 与入射光频率 ν 的关系图,得出 U_0-ν 直线的斜率 k,由 $h = ek$ 求出普朗克常量 h,并与公认值 h_0 比较,求出相对误差 $E = \dfrac{|h - h_0|}{h_0}$. 其中 $e = 1.602\,176\,634 \times 10^{-19}$ C,$h_0 = 6.626\,070\,15 \times 10^{-34}$ J·s.

(2) 由表 4.6.2 的实验数据,作入射光频率不变、不同光强对应的光电管的伏安特性曲线(参见图 4.6.2).

(3) 由表 4.6.3 的实验数据,作入射光频率不同时光电管的伏安特性曲线(参见图 4.6.3).

4.6.6　注意事项

(1) 在仪器的使用过程中,汞灯不宜直接照射光电管,也不宜长时间连续照射加有光阑和滤色片的光电管,否则将减少光电管的使用寿命.

(2) 实验完成后,应用光电管暗盒盖将光电管暗盒的光输入口遮住.

原始数据记录（实验 4.6）

表 4.6.1 $U_0 - \nu$ 关系 光阑孔径 $\Phi = $ _____ mm

波长 λ_i/nm		365.0	404.7	435.8	546.1	577.0
频率 ν_i/(10^{14} Hz)		8.214	7.408	6.879	5.490	5.196
截止电压 U_{0i}/V	手动					
	自动					

表 4.6.2 入射光频率不变、不同光强对应的光电管 $I - U_{AK}$ 关系

U_{AK}/V	−1.0	−0.5	0.0	0.5	1.0	1.5	2.0	2.5	3.0	3.5	4.0	4.5
I(强光)/10^{-10} A												
I(弱光)/10^{-10} A												
U_{AK}/V	5.0	6.0	7.0	8.0	9.0	10.0	11.0	12.0	13.0	14.0	15.0	16.0
I(强光)/10^{-10} A												
I(弱光)/10^{-10} A												
U_{AK}/V	17.0	18.0	19.0	20.0	21.0	22.0	23.0	24.0	25.0	26.0	27.0	28.0
I(强光)/10^{-10} A												
I(弱光)/10^{-10} A												
U_{AK}/V	29.0	30.0	32.0	34.0	36.0	38.0	40.0	42.0	44.0	46.0	48.0	50.0
I(强光)/10^{-10} A												
I(弱光)/10^{-10} A												

表 4.6.3 入射光频率不同时光电管 $I - U_{AK}$ 关系

U_{AK}/V	−1.0	−0.5	0.0	0.5	1.0	1.5	2.0	2.5	3.0	3.5	4.0	4.5
I(404.7 nm)/10^{-10} A												
I(546.1 nm)/10^{-10} A												
U_{AK}/V	5.0	6.0	7.0	8.0	9.0	10.0	11.0	12.0	13.0	14.0	15.0	16.0
I(404.7 nm)/10^{-10} A												
I(546.1 nm)/10^{-10} A												
U_{AK}/V	17.0	18.0	19.0	20.0	21.0	22.0	23.0	24.0	25.0	26.0	27.0	28.0
I(404.7 nm)/10^{-10} A												
I(546.1 nm)/10^{-10} A												
U_{AK}/V	29.0	30.0	32.0	34.0	36.0	38.0	40.0	42.0	44.0	46.0	48.0	50.0
I(404.7 nm)/10^{-10} A												
I(546.1 nm)/10^{-10} A												

大学物理实验预习报告

实验项目**光电效应和普朗克常量的测定**

班别＿＿＿＿＿＿＿＿＿＿＿＿＿学号＿＿＿＿＿＿＿＿＿＿＿＿＿＿姓名＿＿＿＿＿＿＿＿＿＿＿＿＿＿

实验进行时间＿＿＿＿＿年＿＿＿＿＿月＿＿＿＿＿日,第＿＿＿＿＿周,星期＿＿＿＿＿,＿＿＿＿＿时至＿＿＿＿＿时

实验地点＿＿＿＿＿＿＿＿＿＿＿＿＿＿＿

实验目的：

实验原理简述：

实验中应注意事项：

实验 4.7　密立根油滴实验

1910 年前后,密立根及其学生选取带电油滴作为实验对象,测定了多个油滴的电荷量,发现油滴所带电荷量均为基本电荷的整数倍,首次以实验事实证明了电荷量的不连续性,即电荷量具有量子化特征,并且给出了基本电荷的准确值.密立根因该实验获得了 1923 年诺贝尔物理学奖.密立根油滴实验设计简单巧妙,结果精确,被英国《物理世界》评为十大最美物理实验之一.

4.7.1　实验目的

(1)学会油滴实验测量基本电荷的原理和方法.

(2)验证电荷量的不连续性,测定基本电荷值 e.

(3)学习实验的设计思想,通过对实验仪器的调整、油滴的选择、数据的处理等,训练学生严谨的科学态度.

4.7.2　实验仪器

ZKY-MLG-6CCD 显微密立根油滴仪.

4.7.3　实验原理

密立根油滴实验的基本设计思路是使带电油滴在测量范围内处于受力平衡状态,通过对带电油滴宏观运动速度的测量来测量微观电荷量.具体测量方法有静态平衡测量法和动态平衡测量法.静态平衡测量法具有操作简单、易于控制、误差小等特点.本实验仅介绍静态平衡测量法.静态平衡测量法的出发点是使油滴在均匀电场中静止在某一位置,或在重力场中做匀速运动.

使用喷雾器将油滴喷入两块相距为 d 的水平放置的平行极板之间.油滴从喷雾器喷出后,由于摩擦而带电.设油滴的质量为 m,电荷量为 q,两极板间的电压为 U.油滴在平行极板之间将同时受到重力 mg 和静电力 qE 的作用(忽略浮力).调节两平行极板间的电压 U,可以使重力 mg 和静电力 qE 达到平衡,如图 4.7.1 所示.带电油滴恰好静止在电场中所需的电压称为平衡电压.这时有

$$mg = qE = \frac{qU}{d}. \tag{4.7.1}$$

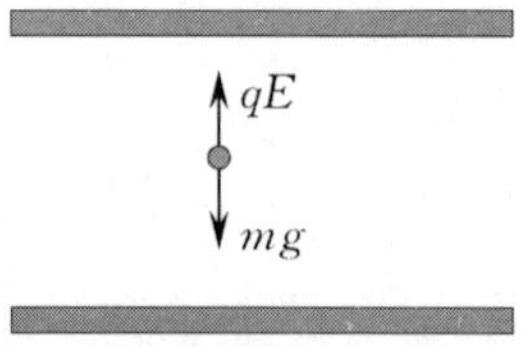

图 4.7.1　油滴在电场中平衡时的受力

由式(4.7.1)可知,为了测出油滴所带的电荷量 q,需要测定两极板间的电压 U、两极板间的距离 d 和油滴的质量 m.油滴的质量 m 很小,需要用特殊的方法测定.

平行极板间不加电压时,油滴将会下落.由于黏滞阻力的存在,要先经历一个变加速过程.根据运动方程可以计算出变加速过程时间很短,约为 10^{-4} s.随着速度的增加,当黏滞阻力 f_r 与重力 mg 达到平衡后,以速度 v_g 匀速下落,如图 4.7.2 所示.

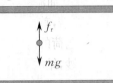

图 4.7.2　油滴匀速下落时的受力

设油滴为球形,半径为 a,密度为 ρ,空气的黏滞系数为 η.根据斯托克斯定律,油滴匀速下降时有

$$f_r = 6a\pi\eta v_g = mg. \tag{4.7.2}$$

油滴的质量 m 可表示为

$$m = \frac{4\pi}{3}a^3\rho. \tag{4.7.3}$$

由式(4.7.2)和式(4.7.3)可得油滴的半径为

$$a = \sqrt{\frac{9\eta v_g}{2g\rho}}. \tag{4.7.4}$$

考虑到油滴非常小(半径为 10^{-6} m),它的大小接近空气的平均自由程,与空气的间隙只相差几个数量级,空气已不能再视为连续介质,空气的黏滞系数应修正为

$$\eta' = \frac{\eta}{1+\dfrac{b}{pa}}, \tag{4.7.5}$$

式中,$b = 8.23 \times 10^{-3}$ m·Pa 为修正常数,p 为大气压强.于是有

$$a = \sqrt{\frac{9\eta v_g}{2g\rho} \cdot \frac{1}{1+\dfrac{b}{pa}}}. \tag{4.7.6}$$

式(4.7.6)的根号中还包含油滴半径 a.但是 a 处在修正项中,不需要十分精确,因此可利用式(4.7.4)来计算.将式(4.7.6)代入式(4.7.3),得

$$m = \frac{4\pi}{3}\left(\frac{9\eta v_g}{2g\rho} \cdot \frac{1}{1+\dfrac{b}{pa}}\right)^{\frac{3}{2}}\rho. \tag{4.7.7}$$

当两极板间电压为零时,忽略变加速下降的过程,油滴匀速下降速度 v_g 可以通过下落距离 l 和下落时间 t_g 求出:

$$v_g = \frac{l}{t_g}. \tag{4.7.8}$$

将式(4.7.8)代入式(4.7.7),式(4.7.7)代入式(4.7.1),可得

$$q=\frac{18\pi}{\sqrt{2\rho g}}\left[\frac{\eta l}{t_g\left(1+\frac{b}{pa}\right)}\right]^{\frac{3}{2}}\cdot\frac{d}{U}. \tag{4.7.9}$$

式(4.7.9)就是用静态平衡测量法测量油滴所带电荷量的理论公式.

测量油滴所带电荷量的目的是希望找出电荷量的最小单位. 为此,可以分别测出不同的油滴所带的电荷量 q. 它们应近似为某一最小单位的整数倍,即油滴电荷量的最大公约数就是基本电荷.

由于实验时间有限,无法对大量的油滴进行测量,一般采用从结果倒推的方法,即用理论电荷 $e=1.602\,176\,634\times10^{-19}$ C 去除实验测得的电荷量 q,得到接近于某一整数的数值,该整数就是油滴所带的基本电荷数 n,再用 n 去除实验测得的电荷量 q,即得到基本电荷 e.

4.7.4 实验内容

学习控制油滴在视场中的运动,并选择合适的油滴进行测量. 要求至少测量五个不同的油滴,每个油滴的测量次数应为五次.

1. 熟悉 ZKY-MLG-6CCD 显微密立根油滴仪

实验采用的是 ZKY-MLG-6CCD 显微密立根油滴仪. 实验仪由主机、CCD(电荷耦合器件)成像系统、油滴盒、监视器和喷雾器等部件组成. 其中主机包括可控高压电源、计时装置、A/D 采样、视频处理等单元模块,CCD 成像系统包括 CCD 传感器、光学成像部件等,油滴盒包括高压电极、照明装置、防风罩等部件,监视器是视频信号输出设备. 仪器部件示意如图 4.7.3 所示.

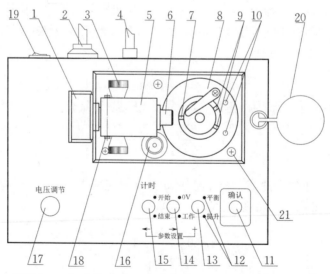

1—CCD 盒;2—电源插座;3—调焦旋钮;4—Q9 视频接口;5—光学系统;6—镜头;7—观察孔;8—上极板压簧;9—进光孔;10—光源;11—确认键;12—状态指示灯;13—平衡/提升切换键;14—0 V/工作切换键;15—计时开始/结束切换键;16—水准仪;17—电压调节旋钮;18—紧固螺钉;19—电源开关;20—油滴管收纳盒安放环;21—调平螺钉(3 颗).

图 4.7.3 仪器部件示意图

CCD 模块及光学成像系统用来捕捉暗室中油滴的像,同时将图像信息传给主机的视频处理模块. 实验过程中可以通过调焦旋钮来改变物距, 使油滴的像清晰地呈现在 CCD 传感器的窗口内.

旋转电压调节旋钮, 调整极板之间的电压, 以控制油滴, 使之受力平衡.

计时开始/结束切换键用来记录时间; 0 V/工作切换按键用来切换仪器的工作状态; 平衡/提升切换键可以控制油滴平衡或提升; 确认键可以将测量数据显示在屏幕上, 从而省去了每次测量完成后手工记录数据的过程, 使操作者把更多的注意力集中到实验进程上来.

油滴盒是关键部件, 如图 4.7.4 所示. 上、下极板之间通过胶木圆环支撑, 三者之间的接触面经过机械精加工后可以将极板间的不平行度、间距误差控制在 0.01 mm 以下; 这种结构基本上消除了极板间的势垒效应及边缘效应, 较好地保证了油滴室处在匀强电场之中, 从而有效地减小了实验误差.

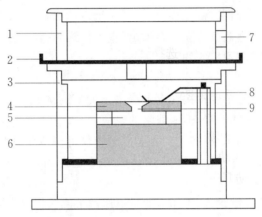

1—喷雾口; 2—进油量开关; 3—防风罩; 4—上极板; 5—油滴室; 6—下极板; 7—油雾杯; 8—上极板压簧; 9—落油孔.

图 4.7.4　油滴盒装置示意图

胶木圆环上开有两个进光孔和一个观察孔, 光源通过进光孔给油滴室提供照明, 而成像系统则通过观察孔捕捉油滴的像. 照明由高亮发光二极管提供, 其使用寿命长、不易损坏; 油雾杯可以暂存油雾, 使油雾不至于过早地逸散; 进油量开关可以控制进油量; 防风罩可以避免外界空气流动对油滴的影响.

2. 调整仪器

1) 水平调整

调整实验仪底部的旋钮 (顺时针旋转, 仪器升高; 逆时针旋转, 仪器下降), 通过水准仪将实验平台调平, 使电场方向与重力方向平行, 以免引起实验误差. 极板平面是否水平决定油滴在下落或提升过程中是否发生漂移.

2) 喷雾器调整

将少量钟表油缓慢地倒入喷雾器的储油腔内, 使油淹没提油管下方, 油不要太多, 以免实验过程中不慎将油倾倒至油滴盒内而堵塞落油孔. 将喷雾器竖起, 用手挤压气囊, 使得提油管内充满钟表油.

3) 仪器硬件接口连接

主机接线: 电源线接交流 220 V/50 Hz; 视频输出接监视器视频输入 (IN).

监视器:输入阻抗开关拨至 75 Ω,视频线缆接 IN 输入插座.电源线接 220 V/50 Hz 交流电压.前面板调整旋钮自左至右依次为左右调整、上下调整、亮度调整、对比度调整.

4) 实验仪使用

(1) 打开实验仪电源及监视器电源,监视器出现欢迎界面.

(2) 按任意键,监视器出现参数设置界面.根据当地的环境适当设置重力加速度、油密度、大气压强、油滴下落距离."←"为左移键,"→"为右移键,"＋"为数据设置键.

(3) 按确认键监视器出现实验界面后,将计时器切换至"结束";将工作状态键切换至"工作"(工作状态键切换至"0 V",绿色指示灯亮;工作状态键切换至"工作",红色指示灯亮);将平衡/提升切换键设置为"平衡"(在平衡状态时绿色指示灯亮,在提升状态时红色指示灯亮).

5) CCD 成像系统调整

从喷雾口喷入油雾,此时监视器上应该出现大量运动油滴的像.若没有看到油滴的像,则需调整调焦旋钮或检查喷雾器是否有油雾喷出,直至得到油滴清晰的图像.

3. 选择适当的油滴并练习控制油滴

1) 选择适当的油滴

密立根油滴实验数据的精度很大程度上取决于油滴的选取.要做好油滴实验,所选的油滴体积要适中.大的油滴虽然明亮,但一般带的电荷量多,下降或提升太快,不容易准确测量.油滴太小,下降慢,且受布朗运动的影响明显,也不容易准确测量.因此应该选择质量适中且电荷量不大的油滴.建议选择平衡电压在 100~300 V 之间,下落时间(下落距离为 1.6 mm)为15 s 左右的油滴进行测量.

具体操作:将工作状态键置为"工作",通过电压调节旋钮将电压调至 300 V 以上,喷入油雾,此时监视器出现大量运动的油滴,观察上升较慢且明亮的油滴,然后降低电压,使之达到平衡状态.随后将工作状态键置为"0 V",油滴下落,在监视器上选择下落一格的时间约 2 s 的油滴作为目标油滴.调节调焦旋钮使目标油滴最小最亮.

2) 平衡电压的确认

仔细调整平衡电压,使油滴平衡在某一格线上,等待一段时间,观察油滴是否飘离格线.若其向同一方向飘动,则需重新调整;若其基本稳定在格线或只在格线附近做轻微的布朗运动,则可以认为其基本达到受力平衡.

由于油滴在实验过程中处于挥发状态,在对同一油滴进行多次测量时,每次测量前都要重新调整平衡电压,以免引起实验误差.事实证明,同一油滴的平衡电压将随时间的推移有规律地递减,且对实验误差的贡献很大.

3) 控制油滴的运动

选择适当的油滴,调整平衡电压,使油滴平衡在某一格线上,将工作状态键切换至"0 V",绿色指示灯亮.此时上、下极板同时接地,电场力为零,油滴在重力、浮力及空气阻力的作用下下落.当油滴下落至该格线时按下计时键("开始"灯亮),开始记录油滴下落的时间;待油滴下落至预定格线时,再按下计时键,"结束"灯亮,计时结束(计时位置见图 4.7.5).此时工作状态键将自动切换至"工作"状态,油滴停止下落.可以通过确认键将此次测量数据记录到屏幕上.

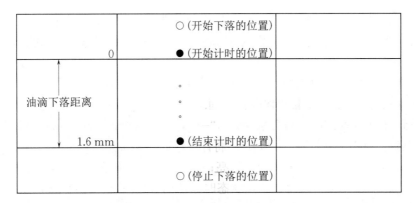

图 4.7.5　平衡法计时位置示意图

将工作状态键切换至"工作"，红色指示灯亮，此时仪器根据平衡或提升状态分两种情形：若置于"平衡"，则可以通过电压调节旋钮调整平衡电压；若置于"提升"，则极板电压将在原平衡电压的基础上再增加 $200 \sim 300$ V 的电压，使油滴向上运动.

4. 正式测量

本实验选用静态平衡测量法，实验前密立根油滴实验仪必须调成水平.

（1）开启实验仪电源及监视器电源，监视器出现欢迎界面.

（2）按任意键，监视器出现参数设置界面. 根据当地的环境适当设置重力加速度、油密度、大气压强、油滴下落距离（实验时油滴下落距离与此一致）.

（3）按确认键，监视器出现实验界面后. 将工作状态键切换至"工作"，将平衡/提升切换键置于"平衡".

（4）将平衡电压调整为 300 V 左右，通过喷雾口向油滴盒内喷入油雾，此时监视器上将出现大量运动的油滴. 选取适当的油滴，仔细调整平衡电压，使其平衡在"0"标记格线上.

（5）将工作状态键切换至"0 V"，此时油滴开始下落，当油滴下落至"0"标记格线时计时器启动，开始记录油滴的下落时间.

（6）当油滴下落至预定格线时（如 1.6 格线），快速地将计时键切换至"结束"，油滴立即停止. 此时可以通过按确认键将测量数据（平衡电压 U 及下落时间 t）记录在屏幕上.

（7）将平衡/提升切换键置于"提升"，油滴向上运动，当回到略高于起始位置时，将该键切换至"平衡"状态. 重新调整平衡电压，如果此时平衡电压发生的突变，说明该油滴得到或者失去了电子. 需要从步骤（4）开始重新找油滴.

（8）重复步骤（5），（6），（7），当达到五次记录后，按确认键，界面的左面出现实验数据，将实验数据填入表 4.7.1 中.

（9）按确认键，重复步骤（4）～（8），测出第二个油滴的有关数据. 至少测五个油滴，并根据所测得的有关数据求出平均电荷量 $\overline{Q}$，并求它们的最大公约数，即为基本电荷 e（需要足够的数据统计量）. 根据 e 的理论值，计算出 e 的相对误差.

4.7.5　数据处理

该实验的数据处理方法主要有两种：最大公约数法和作图法.

最大公约数法需要大量的油滴数据，计算出各油滴的电荷量后，求它们的最大公约数，即

为基本电荷 e. 这种方法对于学生有一定的难度. 在实验中,我们一般采用作图法求基本电荷 e. 设实验测得 N 个油滴的电荷量分别为 $q_1,q_2,\cdots,q_N$. 由于电荷量的量子化特性,应有 $q_i = n_i e$. 此为一直线方程,n 为自变量,q 为因变量,e 为斜率. 因此,N 个油滴对应的数据在 $n-q$ 坐标系中将在同一条过原点的直线上. 若找到满足这一关系的曲线,就可由斜率求得 e. 将 e 的实验值与理论值 e_0 比较,求相对误差.

实验得到 N 个油滴的电荷量分别为 $q_1,q_2,\cdots,q_N$,用每个油滴的电荷量除以基本电荷理论值 e_0,得到近似整数 n_i,即

$$n_i = \frac{q_i}{e_0}.$$

再将每个油滴的带电量 $q_1,q_2,\cdots,q_N$ 除以该近似整数 n_i,得到基本电荷的实验值,即

$$e_i = \frac{q_i}{n_i}.$$

取平均值,有

$$\bar{e} = \frac{1}{N} \sum_{i=1}^{N} e_i.$$

基本电荷的相对误差为

$$E = \frac{|\bar{e} - e_0|}{e_0} \times 100\%.$$

4.7.6 注意事项

(1) CCD 盒、紧固螺钉、摄像镜头的位置不能变更,否则会对像距及成像角度造成影响.

(2) 实验前应对仪器油滴盒内部进行清洁,防止异物堵塞落油孔. 在喷油后,若视场中没有发现油滴,可能是传感线接触不良或油滴孔被堵. 处理方法是检查线路,或者打开油雾室,用脱脂棉擦拭小孔,或利用细丝(直径小于 0.4 mm)捅一捅小孔.

(3) 调整仪器时,若要打开油雾室,则应先将工作状态键放在"0 V"位置,最好关掉电源.

(4) 喷油时,切忌频繁喷油,要充分利用资源.

(5) 仪器使用环境应为温度在 0~40 ℃ 的静态空气.

(6) 注意调整进油量开关,避免外界空气流动对油滴测量造成影响.

(7) 仪器内有高压,实验人员应避免用手接触电极.

(8) 注意仪器的防尘保护.

思考题

1. 如何判断油滴盒内两平行极板是否水平? 如果不水平,对实验有何影响?

2. 应选什么样的油滴进行测量? 油滴太小对测量有什么影响? 太大或带电太多的油滴存在什么问题?

3. 对本实验的数据处理有没有更好的意见? 谈谈你的想法.

4. 利用某一颗油滴的实验数据,计算出作用在该油滴上的浮力,将其大小与重力、黏滞阻力、电场力相比较.

原始数据记录（实验 4.7）

表 4.7.1　密立根油滴实验数据记录

油滴序号	平衡电压 U/V	下降时间 t_g/s	平均平衡电压 $\overline{U}/V$	平均下降时间 $\overline{t}_g/s$	平均电荷量 $\overline{Q}/10^{-19}$ C	基本电荷数 n	基本电荷 $e/10^{-19}$ C
1							
2							
3							
4							
5							

大学物理实验预习报告

实验项目 **密立根油滴实验**

班别＿＿＿＿＿＿＿＿＿＿＿＿学号＿＿＿＿＿＿＿＿＿＿＿＿姓名＿＿＿＿＿＿＿＿＿＿＿＿

实验进行时间＿＿＿＿＿年＿＿＿＿＿月＿＿＿＿＿日,第＿＿＿＿＿周,星期＿＿＿＿＿,＿＿＿＿＿时至＿＿＿＿＿时

实验地点＿＿＿＿＿＿＿＿＿＿＿＿＿＿＿

实验目的：

实验原理简述：

实验中应注意事项：

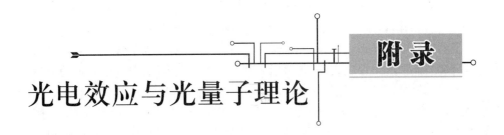

光电效应与光量子理论

光电效应是指，一定频率的光照射在金属表面时，会有电子从金属表面逸出的现象．光电效应实验对于认识光的本质及早期量子理论的发展有里程碑式的意义．

自古以来，人们就一直在试图了解光的本质．17世纪，研究光的反射、折射、成像等规律的几何光学基本成立．牛顿等人在研究几何光学现象时，根据光的直线传播性，认为光是一种微粒流，微粒从光源飞出来，在均匀物质内以力学规律做匀速直线运动．微粒流学说很自然地解释了光的直线传播等性质，在17，18世纪的学术界占有主导地位，但在解释牛顿环等光的干涉现象时遇到了困难．

惠更斯（Huygens）等人在17世纪就提出了光的波动学说，认为光是以波的方式产生和传播的，但早期的波动理论缺乏数学基础，很不完善，没有得到重视．19世纪初，托马斯·杨（T. Young）发展了惠更斯的波动理论，成功地解释了干涉现象，并做了著名的杨氏双缝干涉实验，为波动学说提供了很好的证据．1818年，年仅30岁的菲涅耳（Fresnel）在法国科学院一次关于光的衍射问题的悬奖征文活动中，从光是横波的观点出发，圆满地解释了光的偏振，并以严密的数学推理，定量计算了光通过圆孔、圆板等形状的障碍物所产生的衍射条纹．推出的结果与实验符合得很好，他因此荣获了这一届的科学奖．波动学说逐步为人们所接受．1856—1865年，麦克斯韦（Maxwell）建立了电磁场理论，指出光是一种电磁波，光的波动理论得到确立．

19世纪末，物理学已经有了相当的发展，在力学、热学、电学、光学等领域都已经建立了完整的理论体系，在应用上也取得巨大成果．就当物理学家普遍认为物理学发展已经完善时，陆续出现了一系列重大发现，拉开了现代物理学革命的序幕，光电效应实验在其中起了重要的作用．

1887年，赫兹（Hertz）在用两套电极做电磁波的发射与接收的实验中发现，当紫外光照射到接收电极的负极时，接收电极间更易于产生放电现象．赫兹的发现吸引了许多人去做这方面的研究工作．斯托列托夫（Stoletov）发现，负电极在光的照射下会放出带负电的粒子，形成光电流，光电流的大小与入射光强度成正比．光电流实际是在照射开始时立即产生的，无须时间上的积累．1899年，J. J. 汤姆孙测定了光电流的荷质比，证明光电流是阴极在光的照射下发射出的电子流．赫兹的助手伦纳德（Lenard）从1889年就从事光电效应的研究工作，1900年，他用在阴阳极间加反向电压的方法研究电子逸出金属表面的最大速度，发现光源和阴极材料都对截止电压有影响,但光的强度对截止电压无影响,电子逸出金属表面的最大速度与光强无关. 伦纳德因此获得 1905 年的诺贝尔物理学奖.

　　光电效应的实验规律与经典电磁理论是矛盾的. 经典电磁理论认为,电磁波的能量是连续的,电子接收光的能量获得动能,应该是照射光强越强,能量越大,电子的初速度越大,实验结果是电子的初速度与光强无关;经典电磁理论认为,只要有足够的光强和照射时间,电子就应该获得足够的能量逸出金属表面,与照射光频率无关,实验结果是对于一定的金属,当照射光频率高于某一值时,金属一经照射,立即有光电子产生,当照射光频率低于该值时,无论光强多强,照射时间多长,都不会有光电子产生. 光电效应使经典电磁理论陷入困境,包括伦纳德在内的许多物理学家,提出了种种假设,企图在不违反经典电磁理论的前提下,对上述实验事实做出解释,但都过于牵强,经不起推理和实践的检验.

　　1900 年,普朗克在研究黑体辐射问题时提出了一个符合实验结果的经验公式,为了从理论上推导出这一公式,他采用了玻尔兹曼(Boltzmann)的统计方法,假定黑体内的能量由不连续的能量子构成,能量子的能量为 $h\nu$. 能量子的假说是一个革命性的突破,具有划时代的意义. 但是无论是普朗克本人还是他的许多同时代人,当时对这一点都没有充分认识. 爱因斯坦以他惊人的洞察力,最先认识到量子假说的伟大意义. 并由光子假设得出了著名的光电效应方程,解释了光电效应的实验结果.

　　爱因斯坦的光子理论由于与经典电磁理论抵触,一开始受到怀疑和冷遇. 一方面是因为人们受传统观念的束缚,另一方面是因为当时光电效应的实验精度不高,无法验证光电效应方程. 密立根从 1904 年开始进行光电效应实验,历经十年,最终证实了爱因斯坦的光量子理论. 两位物理大师因在光电效应等方面的杰出贡献,分别于 1921 年和 1923 年获得诺贝尔物理学奖.

　　光量子理论创立后,在固体比热、辐射理论、原子光谱等方面的应用获得成功,人们逐步认识到,光具有波动和粒子两种属性. 光子的能量 $E=h\nu$ 与频率有关,当光传播时,显示出光的波动性,产生干涉、衍射、偏振等现象;当光和物体发生作用时,它又表现出粒子性. 后来科学家发现波粒二象性是一切微观物体的固有属性,并发展出了量子力学来描述和解释微观物体的运动规律,使人们对客观世界的认识前进了一大步.

　　作为历史上第一个通过实验测得普朗克常量的物理实验,光电效应的意义是不言而喻的.